DE LA CRISE AGRICOLE

ET DE SON REMÈDE

LE CRÉDIT AGRICOLE

PARIS. — IMP. SIMON RAÇON ET COMP., RUE D'ERFURTH, 1.

A L'EMPEREUR

L'AGRICULTURE SOUFFRANTE

DE LA CRISE AGRICOLE

ET DE SON REMÈDE

LE CRÉDIT AGRICOLE

PAR

M. D'ESTERNO

MEMBRE DU CONSEIL GÉNÉRAL D'AGRICULTURE
MEMBRE CORRESPONDANT DE LA SOCIÉTÉ CENTRALE D'AGRICULTURE
ANCIEN SECRÉTAIRE DU CONGRÈS CENTRAL D'AGRICULTURE

> Je m'efforce tous les ans de diminuer les entraves qui s'opposent depuis si longtemps en France à la libre expansion de l'initiative individuelle.
>
> ..... Sans compter toujours sur l'intervention du Gouvernement, impuissant à régler les rapports si variables entre l'offre et la demande. Aujourd'hui de nouveaux projets auront pour but de laisser une liberté plus grande aux associations commerciales, et de dégager la responsabilité, toujours illusoire, de l'administration.
>
> (*Discours de l'Empereur à l'ouverture de la Session de 1865.*)

PARIS

F. GUILLAUMIN, LIBRAIRE-ÉDITEUR

14, RUE RICHELIEU, 14

1866

DE LA CRISE AGRICOLE

ET DE SON REMÈDE

LE CRÉDIT AGRICOLE

CHAPITRE PREMIER

CONSIDÉRATIONS GÉNÉRALES

Nous venons demander :

Qu'un agriculteur devienne l'égal d'un autre Français devant la loi ;

Qu'on le débarrasse des entraves dont on l'a garrotté sous prétexte de l'assister et de le protéger ;

Que toute liberté d'action lui soit rendue, et que lorsqu'il n'est ni mineur, ni légalement incapable, on ne le traite pas comme s'il était aliéné et pourvu d'un conseil de famille.

La liberté des transactions n'existait pas en France il y a six ans ; on l'a inaugurée en 1860. Nous la devons à l'Empereur, grâces lui soient rendues! On l'a d'abord appelée la liberté du commerce, et en effet c'est par là qu'elle a débuté. Mais, le principe une fois posé, les conséquences devaient s'ensuivre. Nous avons vu arriver l'une après l'autre les libertés de la boulangerie, de la boucherie, du théâtre, de la navigation, etc. En dernier lieu, nous avons eu celle des fiacres.

Nous ne méconnaissons pas l'importance de ces libertés; mais aucune ne surpasse, ni même n'égale en importance la liberté de l'agriculture.

Cependant jusqu'ici elle n'a pu être obtenue. Autrefois, une sorte d'équilibre factice et inégal à la vérité, mais enfin réel, était établi entre les diverses industries; soumises à certaines charges, astreintes à certains devoirs, elles étaient, par compensation, gratifiées de quelques avantages et d'une certaine protection administrative ou douanière. On a supprimé, pour les autres industries, les charges et la protection; pour l'agriculture, on a supprimé la protection et conservé les charges. C'est cette anomalie que nous voudrions voir disparaître. Le système protecteur défendait les faibles et les petits contre la libre concurrence des riches et des forts; c'était là son côté plausible et respectable. Il défendait les négligents et les incapables contre la libre concurrence des intelligents et des laborieux; il défendait les vieux systèmes contre le progrès et les méthodes nouvelles; c'était là son mauvais côté. On a reconnu que mieux valait la liberté.

On ne peut pas, au milieu de toutes les industries devenues libres, en choisir arbitrairement une seule pour la maintenir asservie. L'agriculture française, exposée à la concurrence des agricultures étrangères, doit être mise en état de déployer tous ses moyens pour la soutenir. On ne peut plus lui dire: Vous n'aurez pas de crédit, parce que quelques cultivateurs prodigues ou maladroits en abuseraient et y trouveraient leur ruine; elle répondrait: Laissez tomber les sots et percer les habiles. C'est ce qui arrive dans les autres industries. Pour un qui périra, 100 s'enrichiront et le pays s'enrichira avec eux. D'ailleurs, si vous nous maintenez dans un état d'esclavage et de misère, tous périront, non pas, il est vrai, par l'effet du crédit et de la concurrence intérieure, mais par l'effet de la concurrence étrangère que, sans le crédit, nous sommes hors d'état de soutenir.

La question n'est pas de savoir si, comme on nous l'oppose, quelques agriculteurs iront dépenser au jeu ou au café l'argent qu'ils auront obtenu du crédit ; la même chose arrive à quelques industriels. La question est de savoir si les agriculteurs sont, en masse, moins économes et moins calculateurs que le reste de la nation, à ce point qu'il soit nécessaire de les maintenir en lisières ; eh bien, il est certain qu'ils le sont beaucoup plus. La crainte que le crédit les ruine n'est qu'un prétexte ; il faut chercher ailleurs les causes de la privation qu'on leur en impose.

Pendant la longue lutte du libre échange en France et en Angleterre, des intérêts opposés combattaient de chaque côté : on trouvera dans la suite de ce travail l'indication des intérêts privés luttant contre le crédit agricole et cherchant des prétextes pour l'écarter. Il y a un autre adversaire qui n'est peut-être pas précisément un intérêt, mais qui est une croyance et presqu'une religion. Les jurisconsultes sont, presque tous, persuadés que le code civil est une espèce d'arche sainte à laquelle il n'est pas permis de porter la main. Ils n'admettent ni la révision ni même l'examen. *C'est écrit*, voilà tout : la discussion est terminée. Ils opposent hardiment aux gens qui veulent le progrès cet argument des vieux Mahométans : *Tout ce qui est bon est dans le livre. Ainsi, si ce que vous voulez est bon, c'est dans le livre ; vous n'avez donc pas besoin de le demander. Si ce n'est pas dans le livre, c'est mauvais, puisque tout ce qui est bon est dedans. Et alors, on doit bien se garder de vous l'accorder.* Il y a aussi des théoriciens qui procèdent par apophthegmes et qui, écartant le raisonnement, partent de cette base fondamentale : *Le Crédit est la ruine de l'agriculture.*

Il est possible que l'accord des jurisconsultes, des théoriciens et de quelques intérêts privés fort bruyants et fort déterminés soit assez puissant pour influencer les grands corps de l'État et pour l'emporter auprès des ministres. Il en était ainsi dans la question du libre échange ; l'intervention directe de l'Empereur était nécessaire, elle ne manqua pas. Manquera-t-elle aujourd'hui ? Voudra-t-il laisser son œuvre inachevée ? Il est permis de considérer le contraire comme certain [1]. On peut même espérer qu'il croira venu le moment de la terminer. Les souffrances de l'agriculture sont excessives en ce moment ; la création du crédit agricole peut seule y porter remède. Au milieu des consolations verbales qu'on lui a prodiguées sur tous les tons, rien de substantiel ne s'est produit, ni même annoncé. Il lui faudrait autre chose que des discours. Quelques-uns demanderont pour elle des subventions, des droits à l'entrée ou, sous une forme quelconque, des mesures onéreuses au budget ou à la masse de la nation. Nous demandons une liberté d'action qui ne nuira qu'à une seule industrie, celle des usuriers.

A regarder les choses de près, nous ne voulons même aucune mesure nouvelle ; ce sera une grande consolation pour cette école de jurisconsultes qui veut surtout qu'on ne change rien. Nous voulons seulement une vulgarisation de ce qui existe à l'état exceptionnel. Le crédit agricole existe aux colonies. Puisqu'on en dote l'agriculture des îles, comment pourrait-on en priver l'agriculture continentale ?

Nous demandons aussi une réforme de la loi du Cheptel. Cette réforme avait été créée par la déclaration de Louis XIV en date d'avril 1667 ; elle a été retirée depuis. Serait-ce aller trop vite que de nous replacer, au bout de deux cents ans, au point où était arrivé Louis XIV, prince qui ne passait pas pour exagérer l'esprit de réforme et de progrès ?

---

[1] Voici sur quoi ma conviction se fonde. Il y a dix ans que, pour la première fois, j'ai été admis, sous le patronage du comité de Crédit agricole dont je faisais partie avec plusieurs membres des deux Chambres, à présenter à l'Empereur la grande question du Crédit agricole. L'Empereur nous a reçus plusieurs fois depuis. Il n'est resté dans mon esprit, et, je crois, dans l'esprit de ceux qui m'accompagnaient, aucun doute sur ces deux points : que l'Empereur voulait le Crédit agricole et que l'opposition venait d'ailleurs. Partant de cette donnée, je n'ai pas cessé un instant de croire que le Crédit agricole existerait un jour.

CHAPITRE II

Rien n'est plus simple que la crise agricole ; rien n'est plus clair que ses causes.

Il y a cinquante ans, la France produisait à peu près 50,000,000 d'hectolitres de froment ; elle en a produit en 1865 près de 100,000,000. L'augmentation est de 100 pour 100 ; les consommateurs ont augmenté dans une proportion beaucoup plus faible, de sorte qu'il s'est trouvé une offre très-supérieure à la demande.

La libre entrée des blés étrangers a pu contribuer à ce résultat, et en tout cas, c'est pour l'obtenir qu'elle a été décidée.

Le but que s'est proposé le gouvernement a été nettement défini par lui-même ; il a voulu : *la vie à bon marché*. C'était là une visée trop haute au point de vue politique, industriel et chrétien pour qu'il y ait lieu aujourd'hui de la désavouer et de l'amoindrir.

Mais à côté de la *vie à bon marché*, et dans l'intérêt même de la *vie à bon marché*, n'est-il pas nécessaire de donner la *production à bon marché*? On ne s'est pas aperçu que, tandis qu'on abaissait pour toutes les autres industries le prix des matières premières, on le maintenait élevé pour les matières premières de l'agriculture. Le guano est imposé ; les fers jouissent d'un droit protecteur ; nous pourrions citer d'autres objets, mais nous devons nous occuper d'un seul, du capital qui est le plus important et le plus généralement demandé des instruments de production.

Ce n'est pas d'aujourd'hui que l'agriculture a commencé à souffrir ; elle a eu des crises à traverser avant la révolution de 1848. Les puissants d'alors s'en consolaient avec cette réflexion philosophique : *l'agriculture produit trop*. Étrange appréciation qui reprochait à une industrie son développement et la conviait à retarder ses progrès ! Je parlerais contre ma pensée, si je disais que, depuis 1848, on a fait pour l'agriculture tout ce qu'il y avait à faire ; mais cependant, pour que chacun mesure le terrain parcouru par l'administration depuis dix-sept ans, je citerai les paroles du ministre actuel de l'agriculture à propos de la crise actuelle. Au lieu de dire : *L'agriculture produit trop*, il dit : ***S'il y a trop de blé, produisez autre chose***. Cette courte phrase ne cicatrise pas les plaies de l'agriculture ; mais si l'on veut en faire sortir ses conséquences logiques, elle contient en germe toutes les améliorations et tous les progrès.

L'administration s'est aperçue que le blé n'était ni la seule récolte qui pût enrichir le cultivateur, ni le seul aliment qui pût être offert à l'homme. Elle a compris d'ailleurs qu'avec le libre échange nous n'étions plus astreints à produire nous-mêmes tout notre blé, puisque nous sommes libres de le tirer du dehors toutes les fois qu'on n'en aura pas assez au dedans : il suffit pour cela que nous ayons obtenu des produits quelconques dont le prix nous permettra de payer le blé que nous ferons venir.

Elle a compris que tout ce qui se paye est utile, puisque sans cela on ne le payerait pas ; que le prix de vente est la mesure la plus exacte de l'utilité et du service rendu et que s'il arrive que le public paye moins le blé et plus la viande que par le passé, c'est un signe non équivoque qu'il a moins besoin de blé et plus besoin de viande.

Produisez autre chose ne veut pas dire seulement *changez vos produits*. Qui veut la fin veut les moyens ; cela veut dire aussi :

pour arriver à changer nos produits, réformons les vieux systèmes qui empêchaient de les changer. Administration et cultivateurs, abandonnons tous la vieille ornière où nous nous sommes traînés. Avec le libre échange, arrive forcément la libre production, la culture intensive et le crédit.

La libre production? beaucoup de gens me diront : vous l'avez : qui vous empêche de produire ce que vous voulez et comme vous le voulez? Si le moment était venu, je démontrerais que l'agriculteur est entravé dans tous les actes de sa profession; que les associations, les transactions entre cultivateurs sont presque toutes l'objet de perpétuelles et odieuses tracasseries de la part de la législation et de la jurisprudence; qu'enfin, il est continuellement et inutilement froissé dans ses intérêts et dans son amour-propre. Je ferais facilement comprendre quelles considérations d'argent inspirent les adversaires de l'agriculture; mais renfermons-nous dans notre sujet qui est le Crédit agricole considéré comme remède à la crise agricole actuelle et, en général, aux maux de l'agriculture.

Depuis le règne des Valois jusqu'à nos jours, les gouvernements qui se sont succédé en France ont tous été fermement convaincus que l'industrie agricole n'éprouvait qu'un seul besoin, celui d'être réglementée : l'idée ne leur est jamais venue d'essayer une fois de la laisser faire à sa guise, pour voir ce qui en serait advenu. Ils ont paru bien persuadés qu'elle ne se soutenait que grâce à leur appui et à la sage direction qu'ils lui imprimaient : le même système avait été appliqué pendant plusieurs siècles aux autres industries; mais la révolution de 89 en fit justice. Ces industries surent la faire tourner au profit de leur émancipation : l'agriculture seule demeura en tutelle.

Cette tutelle peut-elle durer? C'est pour la *protéger* qu'on la lui imposait : eh bien, le système *protecteur* est aboli. Le Ministre l'exhorte à *changer ses produits*, et par conséquent ses méthodes, mais sans lui imposer une ligne déterminée de conduite. L'Emperçur fait connaître sa volonté de laisser toute latitude au développement de l'*initiative individuelle*.

Où reste la place pour ces prétentieux ignorants qui ont voulu si longtemps apprendre aux cultivateurs leur métier, et qui, tout en se donnant pour la providence de l'agriculture, en ont été réellement le fléau ?

CHAPITRE III

**LA CONSTITUTION DU CRÉDIT AGRICOLE ÉTAIT TOUT ENTIÈRE UNE APPLICATION
DU SYSTÈME PROTECTEUR**

La *protection* accordée à l'agriculture était multiforme : elle se
composait de nombreux textes de lois, de décisions judiciaires
beaucoup plus nombreuses, d'arrêtés administratifs innombrables :
elle se composait ensuite de ce nombreux personnel qui veillait
sur elle, gens de loi, gens de bureau, préfets, financiers, industriels,
tout le monde protégeait l'agriculture ; mais on la protégeait
seulement contre ses propres excès. On n'empêchait pas qu'elle
fût écrasée de frais de justice, livrée aux fraudes commerciales,
aux faillites et aux marchands d'engrais, exposée aux rapines et à
la maraude : ce dont on se préoccupait, c'était de lui ôter sa liberté,
de crainte qu'elle n'en abusât. L'agriculteur n'avait, à ce qu'on
supposait, qu'un péril à redouter, qu'un ennemi sérieux à crain-
dre : c'était lui-même ; c'était son incapacité, sa prodigalité, son
ignorance de ses propres intérêts : il avait besoin d'être perpétuel-
lement éclairé par les autres classes de la société : elles compre-
naient toutes, à merveille, l'agriculture ; il n'y avait, à vrai dire,
que les agriculteurs qui ne la comprissent pas.

La *protection* accordée à l'agriculteur sous forme d'entraves
perpétuelles embrassait à peu près tous les actes : mais c'est surtout sur les opérations de Crédit qu'elle étendait un *veto* absolu.
On avait imaginé cette formule : *Le Crédit est la ruine de l'agriculture*. Avec cette phrase on répondait à tout. Quand on était som-

mé de développer cet axiome, voici les raisons qu'on donnait à l'appui.

1° La terre rapporte 2, 5 ou 4 p. 100. L'agriculteur ne peut espérer de l'argent à moins de 5 ; par conséquent, en empruntant, il marche à une perte certaine.

2° L'argent prêté à l'agriculteur n'ira pas même à l'agriculture: il l'emploiera à acheter des terres ou bien il l'appliquera follement à ses dépenses personnelles.

5° Quand l'agriculteur emprunte, il ne peut jamais rembourser.

4° C'est par l'économie et non par l'emprunt que l'agriculteur doit augmenter ses ressources.

Il est nécessaire d'examiner successivement ces propositions, puisque, quelque insoutenables qu'elles soient, elles ont trouvé créance, grâce à l'insistance intéressée des uns et à la légèreté crédule des autres.

1° La terre rapporte 2, 3, ou 4 pour 100, et l'argent coûte au moins 5.

On fait ici une confusion, peut-être involontaire, entre la rente du sol et le produit des travaux agricoles. Si nous nous occupions de créer le crédit foncier, l'objection pourrait être produite ; ce serait le moment de parler de la rente du sol, mais nous nous occupons du crédit *agricole*. Or, l'agriculture, le travail des champs, industrie qui consiste à obtenir de la terre des productions végétales ou animales, cette industrie rend, comme toutes les autres, à peu près 10 pour 100. Je sais bien que les grands propriétaires qui veulent faire par eux mêmes de la grande culture pour leur plaisir et en amateurs, m'opposent, avec toute l'autorité de l'expérience, leur propre exemple, qui est tout à fait contre moi. Au lieu de gagner 10 pour 100 par an, ils les ont fréquemment perdus, et quelques-uns y ont mangé leur capital entier ; mais cela prouve seulement qu'ils ont mal conduit leur barque. La plupart des cultures ne peuvent être bien conduites qu'en s'y consacrant d'une manière complète ; l'homme du monde y est impropre. Mettez à la place un paysan en blouse et en bonnet bleu : il tirera 10 pour 100 de la terre.

Comment peut-on croire qu'il en soit autrement? Un paysan prend une ferme et consacre tout son capital à la monter. Il s'impose de rudes travaux et risque son avoir, qu'une grêle ou une épizootie peut lui enlever. S'il n'obtenait pas de son argent beaucoup plus de 5 , pense-t-on qu'il continuerait longtemps un pareil métier? Ne préférerait-il pas prendre des obligations garanties par l'État qui lui rapporteraient plus de 5, et cela sans aucun risque et sans aucune fatigue? Il lui resterait la disposition de son temps, qu'il pourrait louer, et dont il tirerait encore profit. D'ailleurs, on voit quelques fermiers qui, avec l'argent d'autrui, arrivent à une honnête aisance ; c'est assez rare en France, mais très-fréquent en Angleterre. Comment font-ils, si leur industrie ne rapporte pas plus de 5 pour 100 ?

Nous allons d'ailleurs prendre en détail les différentes opérations agricoles, et étudier l'effet du crédit sur chacune d'elles.

Faisons remarquer seulement la bizarrerie de quelques combinaisons. Tout en disant que le crédit ruine l'agriculture , on favorise autant qu'on le peut les acquisitions de terre à crédit, les seules précisément qui soient ruineuses. On prohibe les acquisitions à crédit du capital roulant, les seules justement qui soient profitables.

1° DU CRÉDIT AGRICOLE APPLIQUÉ A LA CULTURE PROPREMENT DITE.

C'est un axiome incontesté qu'en agriculture le prix de revient s'abaisse à mesure que la masse du produit , toutes choses égales d'ailleurs, augmente sur une étendue déterminée. Ainsi, le cultivateur français, qui obtient 6 ou 7 grains de froment pour un, produit plus chèrement que le cultivateur anglais, qui obtient 12 ou 15 grains. Pour se rendre compte de ce résultat, il suffit de réfléchir qu'une foule de dépenses demeurent fixes dans les deux cas de récolte riche ou pauvre. Tels sont les coups de charrue, de herse, de rouleau , les frais de semences, de désherbage , etc. L'économie continue, en partie, lors de la moisson et du battage. La coupe d'un hectare de beau froment coûte à peine plus que celle d'un hectare de froment maigre. Le battage d'une gerbe qui contient beaucoup de grain ne coûte pas plus que le battage d'une gerbe qui en contient peu.

Le prix du fermage se répartit sur toutes les années dans une culture riche où la jachère est supprimée. Si le sol est pauvre, il y a une jachère tous les 2 ou 3 ans; alors chaque récolte supporte les frais d'une année et demie ou deux années de fermage, au lieu d'une année seulement.

La dépense personnelle obligatoire du fermier et de sa famille n'augmente pas, parce que la récolte de ses champs a doublé.

Pour ces raisons et pour bien d'autres, l'abaissement du prix de revient est en raison directe de la fertilité du champ. Comment augmenter la fertilité du champ? Il n'y a pas d'autre moyen que d'augmenter la masse d'engrais qu'on lui donne. Or, soit qu'on lui donne des engrais commerciaux : guano , poudrette, noir d'os, etc., ou des engrais de ferme, c'est-à-dire du fumier d'étable, il faut faire des avances au sol : le guano se paye, et très-cher, et le fumier d'étable ne s'obtient qu'avec des bestiaux qu'il faut acheter et payer. De là la nécessité d'avoir de l'argent.

Ce besoin une fois satisfait, le prix de revient du blé descend à son minimum ; il y a en France des cultures très-pauvres qui n'obtiennent le froment qu'au prix de revient de 24 fr. l'hectol. Il y a des cultures plantureuses qui l'obtiennent à 12 fr. Il serait possible de les amener toutes à une moyenne de 14 fr. Là serait la solution de la question des subsistances : on ne peut espérer que l'agriculture produira longtemps à perte, mais il y a deux manières de rétablir l'équilibre quand une industrie ne fait plus ses frais ; jusqu'ici on a toujours cherché à relever son prix de vente ; pourquoi ne chercherait-on pas plutôt à diminuer ses frais de production?

2° DU CRÉDIT AGRICOLE APPLIQUÉ A LA PRODUCTION DES FOURRAGES.

Les exemples abondent ; j'en produirai deux seulement. Voici
ce que dit M. Boussingault (*Économie rurale*, t. II, p. 212) :
Le plâtrage des trèfles et sainfoins produit de 52 fr. à 72 fr. 50 c.
de bénéfice *net* par hectare. La dépense d'achat du plâtre s'élève
de 7 fr. 50 à 20 fr., c'est-à-dire que 14 fr. en produisent 50.

Les irrigations donnent un revenu de 10 et quelquefois de
20 pour 100.

Ces bénéfices sont énormes; mais il faut s'en passer, si on ne
peut avancer le capital nécessaire pour les obtenir.

3° DU CRÉDIT AGRICOLE APPLIQUÉ A L'ACHAT DE BESTIAUX.

Les bestiaux sont destinés à consommer les fourrages de la ferme
et aussi une partie de ses racines et de ses grains ; il est donc nécessaire qu'il y ait une proportion entre les bestiaux et les aliments
qui leur sont destinés. Or, la masse des fourrages et des racines
varie beaucoup d'une année à l'autre. La variation est très-sen-
sible, même comme ensemble et comme résultat total pour toute
la France ; à plus forte raison l'est-elle pour certaines fermes. Il
faudrait donc, dans les années d'abondance, augmenter la masse
des bestiaux. Faute d'argent pour cela, les cultivateurs pauvres
laissent perdre tous les ans une grande quantité d'herbe toute
venue, mais trop courte ou trop tardive pour pouvoir être coupée
et séchée.

Autre exemple : il y a des animaux obtenus presque entièrement
avec les produits de la ferme, et pour lesquels le prix d'achat est
peu de chose, par exemple : une truie coûte 80 fr., elle fait par
an deux portées d'au moins 6 petits chacune. Si le cultivateur les
garde tous et les élève pendant 18 mois, il a 18 animaux d'une
valeur de plus de 1,500 fr. Seulement, il fallait acheter et payer
la truie : supposons qu'il ait emprunté les 80 fr. à 5 pour 100, il
aura payé pour 18 mois 6 fr., il est vrai qu'il y a des frais de

nourriture et que les 1,500 fr. ne sont pas nets ; mais pense-t-on que sur une opération semblable 6 fr. d'intérêts soient **ruineux**, et vaut-il mieux faire manquer l'affaire ?

4° DU CRÉDIT AGRICOLE A COURT TERME.

Il y a deux saisons, l'été et l'hiver, qui sont les **deux pôles financiers** de l'année agricole.

Dans la belle saison, l'agriculteur fait ses semailles et ses récoltes ; il paye des journées d'ouvriers ; il n'a que du travail et de la dépense. En hiver, il n'a presque que des rentrées. Ses grains sont battus, ses chanvres teillés, son vin envaisselé, ses bestiaux engraissés. Il n'a plus qu'à vendre. Pourquoi veut-on qu'il soit dans la gêne pendant toute l'époque des travaux et pourquoi l'empêche-t-on d'escompter, comme le fait le commerçant, sa saison d'abondance ? Voici ce qui en résulte. « Dans le département de la Creuse, le taux réel pour les petits emprunts agricoles s'élève quelquefois jusqu'à 100 pour 100. » (Voyez l'enquête sur l'intérêt de l'argent. Dépositions de M. Wolawsky, administrateur de la Compagnie du Crédit agricole.)

A ce taux-là, oui, l'emprunt est une ruine pour le cultivateur ; mais ce taux résulte des entraves législatives dont nous demandons la suppression. Il ne faut pas l'imputer au crédit, mais au contraire au défaut de crédit auquel nous voulons remédier.

5° DU CRÉDIT AGRICOLE DANS SES RAPPORTS AVEC LA PROCÉDURE ET AVEC LE COMMERCE.

1° Il arrive souvent qu'un agriculteur ayant des ressources, et se trouvant au-dessus de ses affaires, est exproprié, parce que son passif est exigible et qu'il ne peut attendre le moment de ses rentrées. Si sa propriété est petite, les frais de justice l'absorbent en entier. Il perd donc 100 pour 100. Quand il aurait payé pendant trois mois les intérêts à raison de 10 pour 100 par an, ce qui est cher, il n'aurait dépensé que 2 francs 50 c., et il aurait sauvé son capital entier.

Les frais de mutation doivent être payés dans les 6 mois, sous peine d'être doublés. Quand une prolongation de 3 mois serait obtenue au prix de 2 pour 100, ce qui représenterait 8 pour 100 par an, on en serait quitte avec un sacrifice de 2 et on sauverait le reste, c'est-à-dire 98.

2° Il y a toujours sur les blés une hausse de 2 fr. par hectolitre entre le moment du battage et le mois de février. L'agriculteur obéré perd ces 2 fr, parce qu'il est forcé de vendre à tout prix, aussitôt qu'il a battu. S'il empruntait même à raison de 10 pour 100 par an, soit, pour 5 mois, 50 centimes par hectolitre valant 20 fr., il lui resterait encore 1 fr. 50 c. de bénéfice.

Il est bien vrai que ce qui est perdu pour le cultivateur ne l'est pas pour l'homme de loi et pour le commerçant. Il est bien vrai que ces deux professions sont tellement nécessaires qu'il est impossible de s'en passer ; mais, s'il faut que leur intervention soit récompensée là où elle rend des services, il ne faut pas qu'elle soit imposée, là où elle se produit sous forme d'intermédiaires inutiles et onéreux.

6° DU CRÉDIT AGRICOLE APPLIQUÉ A L'OUTILLAGE.

Une bonne charrue peut facilement labourer 20 hectares par an ; elle augmente sûrement de 10 fr. par an le produit d'un hectare labouré jusque-là avec une mauvaise, et, par conséquent, de 200 fr. par an le produit de 20 hectares. Elle dure plusieurs années, et par conséquent rend plusieurs fois 200 fr. Elle coûte 90 fr., c'est-à-dire 50 fr. de plus qu'une mauvaise. Quand on devrait payer 2 fr. 50 c. par an pour l'intérêt des 50 fr., n'y aurait-il pas encore un bénéfice net de 197 fr. 50 c. pendant plusieurs années ?

Une machine à battre rapporte plus qu'elle ne coûte, et la preuve, c'est que des spéculateurs en font une affaire ; ils achètent une machine, la louent, et, avec les produits du louage, ils la payent en une saison ; elle rapporte donc 100 pour 100. Si pour avoir 100 fr. on payait un intérêt de 5 fr., devrait-on le regretter ?

On pourrait passer en revue toutes les dépenses de l'agriculture et montrer qu'elles peuvent toutes tirer parti du crédit ; mais le raisonnement est le même pour toutes, et nous tomberions dans des répétitions.

Il est vrai qu'on objecte ceci : il y a des cultivateurs qui feront du crédit un usage inintelligent et qui n'y trouveront qu'une manière de se ruiner plus vite. Cela est incontestable; dans l'industrie agricole comme dans toutes les autres, il se trouve des administrateurs maladroits qui se ruinent sans le crédit et qui se ruineront de même avec ; mais ce serait méconnaître étrangement l'esprit économe et calculateur du cultivateur français que de croire que telle est sa tendance générale ; nulle classe n'est aussi prudente et, disons-le, aussi parcimonieuse. Il serait bien dur de priver 25,000,000 d'habitants des bénéfices du crédit, pour préserver de ces prétendus dangers quelques centaines de prodigues qu'on ne sauvera même pas de leur destinée.

D'ailleurs, le prêt n'est qu'une fourniture momentanée et moyennant finance, de cette marchandise qu'on appelle *espèces monnoyées*. En en gênant la location, en l'empêchant même, croit-on en abaisser le prix ? On l'élève au contraire : on rend l'usure d'autant plus dangereuse qu'elle se transforme et que celui qui la subit ne s'en rend pas toujours exactement compte. Le manouvrier qui a besoin d'un double décalitre de blé, le paye au comptant 4 francs, et à crédit 4 francs 50. Pour avoir un délai de deux mois, il paye donc 12 1/2 pour 100, ce qui représente 150 pour 100 par an.

N'aurait-il pas été moins grevé si un établissement autorisé avait pu lui faire payer légalement 10 pour 100 ? Tout le commerce avec les campagnards pauvres se fait dans des conditions, si non pareilles, du moins analogues. Cette surcharge n'est que la représentation du risque couru par le prêteur. Dans le prêt maritime, dit *à la grosse aventure*, qui se fait sur un bâtiment compromis, l'intérêt ordinaire est de 50 pour 100; les tribunaux l'admettent. Pourquoi un prêteur en terre ferme ne pourrait-il pas se couvrir de ses risques, aussi bien qu'un prêteur sur l'eau?

Le comptoir d'escompte de Seine-et-Marne a prêté à 11 pour 100 : il n'a ruiné personne, car ses débiteurs l'ont très-exactement remboursé, et son honorable président, M. Gareau, qui a rendu d'ailleurs tant de services à la cause agricole, a pu dire avec un légitime orgueil à la commission d'enquête sur la circulation fiduciaire et monétaire :

« Je fais de l'usure ; mais c'est de l'usure très-utile et très-pro-
« fitable. »

11 pour 100 par an ne représentent pas 2 pour 100 pour deux mois. Ainsi un sacrifice de moins de 2 pour 100 sauve un cultivateur de la nécessité de faire un marché désavantageux. Croit-on qu'on ne perde que 2 pour 100, sur un marché fait d'urgence et sous le coup de la nécessité? On perd 10 pour 100, 20 pour 100, et quelquefois bien davantage. Tous les négociants le savent bien.

2/ L'argent prêté à l'agriculteur n'ira pas même à la culture, il l'emploiera à acheter des terres ou il l'appliquera follement à ses dépenses personnelles.

La preuve qu'on en donne, c'est que jusqu'ici l'agriculteur s'est en effet endetté plutôt pour acheter des terres que pour améliorer celles qu'il possédait; mais on n'ajoute pas que l'emprunt immobilier est le seul qui lui ait été rendu possible.

Le paysan achète à crédit une terre ; il donne pour garantie la terre même qu'il a achetée et sur laquelle il verse un à-compte. Après cela, il a ordinairement cinq ou dix ans pour se libérer. Voilà comment il emploie le crédit pour étendre son domaine. Quel moyen a-t-il de l'employer pour monter sa ferme et augmenter son capital roulant. Il n'en a aucun. Ce qui fait que l'agriculteur trouve du crédit pour acheter une terre, c'est qu'il peut donner cette terre même en garantie du payement. Ce qui fait qu'il n'en trouve pas pour acheter des bestiaux, des engrais, des instruments, des semences, c'est qu'il ne peut pas donner en garantie les objets mobiliers qu'il se sera procurés au moyen du crédit ; il n'y a pas d'autre raison. En matière immobilière, il obtient dix ans de répit en donnant un gage ; en fait de capital roulant, il n'obtient pas deux mois, parce qu'il n'offre aucune sécurité. Ce que nous venons lui apporter, c'est précisément le moyen de donner cette sécurité complète. Jusqu'ici la législation la lui a refusée : pourquoi ? pour le protéger, a-t-on dit, contre sa propre imprudence. Eh bien, cette imprudence n'existe pas ; et quand elle existerait, protégez-vous contre leur propre imprudence l'industriel, le banquier, le négociant, et pourquoi accordez-vous à l'agriculteur cette faveur exceptionnelle qu'il ne sollicite pas et qui n'est en réalité qu'une charge écrasante qu'on lui impose, au profit des autres industries ?

Quant aux dissipations qu'on redoute, est-ce que le cultivateur est plus déréglé que les autres producteurs ? C'est certainement lui qui l'est le moins de tous. Dans toutes les réunions agricoles, les orateurs, même officiels, célèbrent à l'envi les vertus de l'agriculteur ; ils louent par-dessus tout sa sobriété et son économie. Voilà pour le discours : mais dès qu'il s'agit de passer à la pratique, les choses changent du tout au tout. L'agriculteur est un dépensier, un dissipateur, un enfant prodigue, arrêtez-le ; coupez-lui les vivres ; remettez-le entre les mains de ses protecteurs naturels, les hommes de loi, les bureaucrates, les habitants des villes. Ils se chargent volontiers de la tutelle qui ne leur est point onéreuse.

3° Quand l'agriculteur emprunte, il ne peut jamais rembourser.

Ceci est vrai : mais à quoi tient son impuissance ? On a immobilisé, entre ses mains, la totalité de ses valeurs ; on a rendu le nantissement impossible pour lui. On a entouré le capital de conditions qui semblent calculées pour le rendre ordinairement impossible et, dans tous les cas, ruineux pour les deux contractants. Nous examinerons plus tard les art. 520 à 524, 1800 à 1851, 2076.

La question se réduit à ceci : Une industrie qui possède 7,000,000,000 de valeurs meubles ou immédiatement mobilisables doit-elle être hors d'état de payer ses dettes ? Si elle l'est momentanément, et si elle l'est par le fait de la législation, toutes les lois de la morale, de la politique et de l'humanité n'exigent-elles pas que cette législation soit changée ?

4° C'est par l'économie et non par le crédit que l'agriculteur doit augmenter ses ressources.

En reconnaissant à l'agriculture le droit d'augmenter ses ressources par l'économie, on se met peu en frais pour elle. On ne lui laisse que juste ce qu'il n'est pas possible de lui enlever. L'économie est sans doute productive aussi bien que le crédit ; mais elle donne en cent ans, ce que le crédit donne en une heure. Au commencement de la civilisation, quand notre espèce passait de l'état complétement sauvage à un commencement de société rudimentaire, quand elle arrivait à l'époque des cités lacustres, c'est sûrement à l'épargne qu'elle a dû ses premiers capitaux ; elle les aurait alors vainement demandés au crédit ; mais maintenant qu'il est l'âme du commerce et de la production moderne, pourquoi maintiendrait-on l'agriculture au régime des Apaches et des Muscogulges ? Pourquoi n'y met-on pas aussi bien les autres industries et par exemple les constructeurs de maisons à Paris ? Ils pourraient, comme les agriculteurs, s'enrichir par l'épargne et l'on ferait bien de la leur conseiller. Il est probable que ces conseils seraient bien reçus.

Au surplus, tout ce que l'on fait est, nous dit-on, pour le bien des agriculteurs ; mais cette raison, déjà bien mauvaise il y a dix ans, ne peut plus même être présentée aujourd'hui. Le système protecteur est aboli ; on ne doit plus protéger personne que contre la fraude et la violence d'*autrui*. La Constitution nous enseigne que les Français sont tous égaux devant la loi ; elle n'a pas introduit d'exceptions au profit ou au préjudice des agriculteurs. La propriété emporte donc pour l'agriculteur, comme pour tous les autres Français, le droit d'user et d'abuser, il n'y a qu'un cas excepté, c'est celui d'insanité dûment constatée par un acte d'interdiction. Le propriétaire est incapable ou non : il n'y a pas de milieu. S'il est capable, il ne peut être tenu en lisière ; et surtout il ne peut y être tenu sur un petit nombre de points arbitrairement choisis par ceux qui se sont constitués ses précepteurs d'office. On laisse à l'agriculteur le droit de mésuser de sa propriété sous toutes les formes ; il peut vendre ses bestiaux et laisser sa propriété en friche ; il peut forcer ses coupes de bois et y conduire ses chèvres et moutons les années qui suivent la coupe. Il peut détruire ses barrages d'irrigation et ses fossés d'assainissement ; il peut brûler ses bâtiments, il peut enfin tout aliéner à vil prix et dépenser le prix en débauches. Tout cela lui est permis ; nul ne s'en émeut. Mais, quand il veut monter son domaine et mettre sa culture en état ; quand il veut se procurer, par un emprunt à court terme, les ressources dont il a besoin pour faire entrer sa propriété dans une voie progressive ; quand il veut donner l'exemple à ses voisins et réjouir le cœur de tous les amis de l'agriculture, tous ses ennemis se jettent à la traverse. On lui dit : *Vous allez vous ruiner, nous ne le permettrons pas. Vous êtes bien heureux que nous nous trouvions là et que nous prenions tant d'intérêt à vous.* Il n'est pas nécessaire d'exposer en détail quel est le genre d'intérêt qu'ils y prennent.

CHAPITRE IV

DES ÉLÉMENTS DU CRÉDIT AGRICOLE EN FRANCE

La première condition du crédit, c'est le respect des traités et l'exécution des engagements pris. L'agriculteur est-il matériellement dépourvu des ressources nécessaires pour assurer l'exécution des traités qu'il contracte, exécution sans laquelle le crédit ne peut être sérieux ?

L'agriculture proprement dite produit annuellement plus de six milliards de récoltes, ci. . . . . 6,000,000,000 fr.

Elle possède un capital de bestiaux de. 5,200,000,000

Plus le mobilier des fermes, les chars, harnais, instruments de toute sorte et la garantie personnelle du cultivateur, toutes choses représentant plus de. 2,800,000,000

Il y a des valeurs accumulées que nous mentionnerons pour mémoire, quoiqu'elles s'élèvent à un chiffre très-élevé. Vins en caves, futayes, coupes de bois à abattre au bout de 1, 2, 3, 4, 5 ans.—Mémoire. . .

____

12,000,000,000 fr.

Y a-t-il en France une autre industrie qui possède de telles ressources et qui offre au crédit une pareille surface ? S'il y en a une, je désire qu'on nous la fasse connaître. Et cependant, l'industrie agricole, si riche, si puissante, si supérieure aux autres par l'esprit d'économie et, s'il faut tout dire, par la bonne foi de ceux qui l'exercent, cette industrie est la seule qui soit privée de tout crédit.

Il y a, en France, deux nations identiques de race, d'esprit national et de couleur de peau, mais régies par deux législations aussi différentes que celles des Japonais et des Européens. En matière de crédit, ces deux législations ne sont pas seulement différentes, elles sont diamétralement opposées et essentiellement contradictoires. Il ne s'agit point d'une contradiction due au hasard; non, c'est systématiquement qu'elle a été sinon établie, du moins maintenue et renforcée de jour en jour par l'usage. Il s'agissait, pour l'une des deux nations qui vivent côte à côte, d'un immense intérêt; il s'agissait d'attirer à elle et de centraliser entre ses mains tous les capitaux, toutes les affaires, tous les hommes d'élite, toute la population de choix, tout le pouvoir, toute l'influence.

Cette grande œuvre a été menée à bien; la population agricole s'éteint à mesure que la population urbaine et industrielle se multiplie; les grands propriétaires se fixent à Paris. Les capitaux affluent à la Bourse, d'où l'agriculture ne les voit jamais revenir. Les campagnes n'ont ni organe, ni représentation sérieuse auprès du pouvoir. La distance qui sépare les privilégiés des classes déshéritées s'élargit chaque jour. Remontons à quatre-vingts ans en arrière et suivons pas à pas la trace de ceux qui ont accompli ce grand travail. Quand nous saurons comment on s'y est pris pour le faire, nous découvrirons rapidement comment il faut s'y prendre pour le défaire.

CHAPITRE V

Il y a des gens, assez éclairés sur d'autres points, qui bondissent quand ils entendent dire que l'agriculture a des ennemis. Ces gens-là n'ont pas réfléchi aux oppositions d'intérêts qui résultent des diverses opérations commerciales, judiciaires et financières entre l'agriculteur et d'autres classes de la population française. Qu'y avait-il de plus inoffensif que le libre échange? eh bien, le libre échange a rencontré, en Angleterre d'abord, en France ensuite, une masse compacte et déterminée d'ennemis. De quoi s'agissait-il pour eux? Tout simplement de se conserver, au milieu de la nation, une position privilégiée et de lever un tribut sur la masse moins favorisée. Il ne s'agit pas maintenant d'autre chose pour les ennemis de l'agriculture. Le système protecteur a été maintenu pour eux jusqu'ici; ils la mettent à contribution, comme les fabricants de fil et de fer l'y mettaient autrefois et ils défendent leur position, comme tous les privilégiés de fortune ou de naissance ont coutume de la défendre.

Avant d'exposer comment ils défendent leur position, voyons d'abord comment ils s'y sont pris pour l'acquérir.

Il y avait déjà des privilégiés en 1789 : seulement ce n'étaient pas les mêmes : c'est contre eux que s'est faite la Révolution. La Révolution n'a pas eu lieu directement contre l'agriculture; mais elle a eu lieu contre la terre, puisque c'était sur la possession de la terre que reposaient les priviléges d'autrefois. La lutte a été, entre les propriétaires terriens d'un côté, et de l'autre les propriétaires mobiliers, la bourgeoisie, les industriels, les professions libérales et les masses. Le souvenir de cette lutte est demeuré présent à tous les esprits, et l'on n'a pas suffisamment distingué entre la possession de la terre et sa culture. Il y a encore des gens, même assez instruits, qui attachent une idée de féodalité à la position de propriétaire terrien; cependant elle est aujourd'hui la moins favorisée de toutes.

Lorsque les gens du tiers état eurent eu raison des propriétaires terriens et passé le niveau sur leurs prérogatives, on dut croire qu'ils allaient établir et maintenir à l'abri de toute atteinte le système d'égalité au nom duquel ils avaient combattu.

Ils l'auraient fait certainement s'ils avaient été des anges ; malheureusement, il se trouva qu'ils étaient des hommes. Ils ne résistèrent pas à la tentation de faire rendre à la victoire tout ce qu'elle pouvait rendre. Dans leur ardeur à poursuivre les anciens priviléges, ils ne se bornèrent pas à les détruire; pour mieux en prévenir le retour, ils les retournèrent. C'est ainsi que s'inaugura, en France, le règne de l'égalité.

Deux législations opposées fonctionnèrent parallèlement sur le même sol et, sous leur influence diverse, on vit se développer un nouvel ordre de choses, diamétralement opposé à l'ancien.

La propriété mobilière, sous l'influence d'une loi paternelle, libérale et assurant à chacun la liberté comme la responsabilité de ses actes, prit un développement rapide et arriva à l'état prospère où nous la voyons. La propriété foncière, accablée d'impôts, systématiquement privée d'argent, de liberté, de représentation et de toute espèce d'organe ou d'accès près du souverain, déclina dans l'opinion et fut considérée comme une carrière de second ordre qui devait passer après ses aînées.

Un préjugé étrange subsista au milieu d'une révolution aussi complète.

On ne s'aperçut pas, ou bien on ne voulut pas s'apercevoir que les propriétaires terriens avaient passé de l'état d'exploitants à l'état d'exploités ; ils continuèrent à passer pour des monopoleurs et des privilégiés. Les fautes de leurs devanciers pesaient sur eux ; il devint de bon goût de les attaquer en toute rencontre et de frapper sur leur dos le spectre de la féodalité éteinte : comme s'il y avait quelque chose de commun entre la ferme d'aujourd'hui et le fief d'autrefois ! entre le droit de labourer et celui de haute, basse et moyenne justice !

Par une étrange interversion d'idées, les privilégiés d'aujourd'hui se posèrent en représentants uniques du travail national et des idées libérales. On donna aux paysans l'égalité vis-à-vis de leurs anciens seigneurs ; on la leur refusa vis-à-vis des manufacturiers et des commerçants. On prétendit bien qu'on voulait favoriser l'industrie en général ; mais, d'autre part, on arriva à cette étrange formule : *l'agriculture n'est pas une industrie.*

Ces affligeants préjugés furent soigneusement entretenus d'abord par ceux qui avaient intérêt à les entretenir ; mais, ce qui est plus triste et plus surprenant, ils furent, dans certaines limites, adoptés par une partie de l'administration. En mainte circonstance, elle fit tout ce qu'il fallait faire pour les répandre et les populariser. Les preuves seraient faciles à fournir ; mais ce n'est pas de cela que nous avons à nous occuper.

Le mal est arrivé à un tel degré, l'inégalité introduite entre l'agriculture et les autres professions a été poussée si loin, que la classe agricole commence à disparaître en même temps que la classe urbaine augmente et se développe. C'est une émigration à l'intérieur qui ne diffère que par la distance de l'émigration au dehors. Les mêmes causes qui poussent la population irlandaise vers l'Angleterre et vers l'Amérique agissent, à un moindre degré, sur les populations rurales de France et les poussent, d'un mouvement moins rapide, mais tout aussi régulier, vers les villes et les manufactures.

J'insiste sur cette émigration parce qu'elle est un des signes du temps, signe d'autant plus frappant, qu'elle ne se compose pas, comme en Allemagne, des plus pauvres et des moins instruits ; non, c'est, tout au contraire, des plus actifs, des plus intelligents et des plus aisés. L'élite part, le reste demeure.

On ne s'inquiète point de ces affligeants symptômes. On dit : ce n'est rien, ce n'est que l'agriculture qui se noie, et, comme les anciens naufrageurs, on ne songe qu'à recueillir ses épaves.

La ruine de l'agriculture est profitable pour un grand nombre. Elle est profitable pour la plupart des négociants qui ont à traiter avec elle. C'est une excellente position dans les affaires que de se sentir toujours muni d'argent vis-à-vis d'un co-traitant qui n'en a jamais. Aussitôt que la récolte est rentrée, les marchands de grains, meuniers, minotiers, etc., se mettent à parcourir la campagne. Ils se présentent chez le cultivateur endetté, poursuivi, menacé d'expropriation ; ils lui font consentir une vente désavantageuse. Cette opération se fait sur une si grande échelle et il y a tant de cultivateurs obérés, que le prix du blé demeure teujours très-bas pendant trois ou quatre mois après la récolte. Ensuite, il monte de 2 francs, qui sont perdus pour le producteur et aussi pour le consommateur, mais qui profitent à un intermédiaire inutile. Si le Crédit agricole existait et si le cultivateur pouvait trouver quelque avance sur ses récoltes, il éviterait cette perte cruelle. 2 francs de plus ou de moins constituent souvent, pour le cultivateur, la différence de la perte au gain.

Les spéculateurs, les fabricants, les industriels de toute sorte disent:

« Dans l'état présent des choses, nous avons le monopole de tout l'argent du pays. Les capitaux disponibles nous viennent en entier, puisqu'ils ne peuvent pas aller vers la terre, et avec tout cela, nous ne voyons pas que nous en ayons trop ; nous trouvons même que nous n'en avons pas assez : comment veut-on que nous renoncions à une partie de nos ressources, et que nous consentions à les partager avec de nouveaux venus ?

Les banquiers disent : « Nous prêtons à l'agriculture à 6 pour 100, plus une commission qui est en moyenne de 1/2 pour 100 pour 2 mois, total : 9 pour 100 par an. Si elle trouve de l'argent ailleurs, nous ne lui en prêterons plus ; nous perdrons une ressource, en même temps qu'un débouché, puisque l'argent qui ira à l'agriculture sera peut-être pris sur celui qui venait à nous. »

Les municipalités urbaines sont, en général, défavorables à l'agriculture ; elles voient avec plaisir la population des villes se grossir aux dépens de celle des campagnes ; l'aisance des campagnards serait un obstacle à ce mouvement ; d'ailleurs, elles préfèrent de beaucoup attirer vers les villes les capitaux aussi bien que les populations.

Il serait facile d'indiquer les causes multiples qui rendent hostile au crédit agricole toute la corporation si puissante des hommes de loi. Mais à quoi bon nous étendre sur une énumération qui a un peu l'air d'un reproche? Il n'y a cependant pas précisément reproche; toute réuuion d'intérêts se défend, et les privilégiés d'aujourd'hui le font comme le faisaient ceux d'autrefois. Il ne faut pas d'ailleurs confondre deux variétés très-distinctes et même très-éloignées de privilégiés. Les priviléges attribués aujourd'hui à certaines professions n'exciteront jamais dans la nation les mêmes répulsions que les priviléges d'autrefois, parce que, si les professions sont privilégiées, elles ne sont pas fermées et peuvent toujours répondre aux réclamants :

« Est-ce que nos portes ne sont pas ouvertes? Si vous croyez
« que nous avons sur vous quelques avantages, qui vous empêche
« d'y participer ? »

Et en effet, chaque famille fait entrer quelques-uns de ses membres parmi les privilégiés. C'est même principalement ainsi que les campagnes se dépeuplent.

Mais cet argument pouvait être invoqué en faveur du système protecteur aussi bien qu'en faveur du monopole du crédit; et cependant il n'a pas sauvé le système protecteur.

Aucun ministre n'aurait osé l'attaquer: c'est l'Empereur qui s'en est chargé. En laissera-t-il debout le dernier et le plus nuisible débris?

CHAPITRE VI

Depuis quinze ans, l'agriculture a éprouvé bien des mécomptes : mais ce qui l'a soutenue dans ses traverses, c'est que l'espoir lui est toujours resté. Elle a vu clairement que la volonté de l'Empereur était très-fermement prononcée en sa faveur. Elle a compris que des intérêts privés pouvaient bien un moment opposer la ruse à la puissance et déjouer de grands projets par de mesquines combinaisons, mais qu'à la longue, ils ne pouvaient pas prévaloir sur le progrès, les lumières et la justice. Voilà pourquoi elle ne s'est point découragée.

Nous pourrions suivre, pas à pas, à travers ces quinze années, d'un côté, la marche éclairée et loyale de l'Empereur, de l'autre, la marche tortueuse et souterraine de ceux qui s'efforçaient de contreminer ses projets. Mais écartons les questions de personnes : et renfermons-nous dans la question, bien assez vaste, des moyens de faire arriver l'argent à l'agriculture qui, jusqu'à présent, en a été systématiquement privée !

L'Empereur a fait trois tentatives pour y parvenir.

Il y a plusieurs années qu'il voulut que 100 millions de francs fussent mis à la disposition de l'agriculture pour être employés en travaux de drainage. Les 100 millions ont été offerts à l'agriculture, mais avec un entourage de formalités si tracassières qu'elle a mieux aimé renoncer aux 100 millions que de s'y soumettre. Il n'y a pas encore un million placé.

On n'a pas manqué d'en faire un reproche à l'agriculture et de dire : Ces gens-là ne savent même pas profiter des avantages qu'on leur fait.

En 1852, l'Empereur a voulu créer le Crédit foncier. Il s'est présenté une compagnie puissante ; rien n'était plus splendide que la perspective qu'elle ouvrait à la propriété foncière. La dette hypothécaire allait disparaître, pour ainsi dire sans qu'on s'en aperçût. Cependant le Crédit foncier à peine institué restreignit presque entièrement son action aux immeubles situés à Paris ou aux placements qui ne concerneraient ni la campagne, ni l'agriculture, de sorte que les biens ruraux n'en éprouvèrent aucun bénéfice. La Compagnie en réalisa d'énormes et ses actions, libérées à 250 francs, après un dédoublement sous forme d'émission d'actions nouvelles, sont aujourd'hui cotées à 1525 francs, de sorte que 250 fr. en représentent 2650. Le capital est presque décuplé.

En 1856, sept amis de l'agriculture, MM. de Beaumont, de Ladoucette, sénateurs; de Torey, Gareau, Lepelletier d'Aulnay, députés ; de Behague, d'Esterno, membres du Conseil général d'agriculture, se formèrent en comité [1] et se présentèrent à l'Empereur pour lui demander la création du Crédit agricole. L'Empereur leur promit aussitôt que la question allait être mise à l'étude. Elle le fut immédiatement en effet, mais là s'arrêtait l'action directe de l'Empereur : d'interminables délais prolongèrent les études et les travaux qui en furent la suite jusqu'au 16 février 1861, jour où la compagnie du Crédit agricole fut instituée. Ici encore, jetons un voile prudent sur les questions de personnes.

Cette Compagnie fut instituée dans des conditions tout opposées à celles qu'avait demandées le Comité. Elles la mettaient hors d'état de rendre aucun service à l'agriculture. Aussi la compagnie du Crédit agricole devint une puissante maison de banque qui s'oc-

---

[1] Ce comité subsiste encore aujourd'hui, et se compose de MM. de Beaumont, président; Lepelletier d'Aulnay, Gareau, Guillaumain, de Chizeuil, de Torcy, d'Esterno, secrétaire.

cupe de tout, excepté pourtant de l'agriculture. Elle prospèra si
bien qu'aujourd'hui, après cinq années, son capital a plus que
décuplé par des émissions successives d'actions faites lorsque les
actions avaient doublé de valeur (Voir le chapitre xiv). L'actionnaire qui possédait une action en a quatre aujourd'hui, et ces
quatre rapportent à peu près 10 pour 100 de leur valeur libérée,
soit 80 pour 100 du capital primitif. On voit que l'opération a été
très habilement conduite et les actionnaires ne pouvaient guères
désirer mieux. En est-il de même de l'Empereur, et lorsqu'il a
créé le Crédit agricole, se proposait-il seulement de donner à une
compagnie l'occasion de réaliser des bénéfices prodigieux sans aucun profit pour l'agriculture qui avait servi de prétexte à sa création ? Il est permis d'en douter.

Ces deux institutions, le Crédit foncier et le Crédit agricole, devaient, disait-on, rendre à l'agriculture des services d'autant plus
éminents que, par les receveurs généraux et particuliers, elles se
trouveraient en communication directe avec tous les arrondissements. Cette communication n'a pas manqué : elles ont employé
les receveurs à pomper, dans tous les arrondissements, les capitaux
disponibles et à les faire affluer dans leur caisse, pour les employer
à Paris. Ainsi, une institution qui devait, dans l'intention de
l'Empereur, répandre de l'argent dans les campagnes, a abouti à
un constant drainage de celui qui s'y trouvait déjà. Nous disions
que le produit de ce drainage s'est répandu principalement sur
Paris ; mais il s'est répandu aussi ailleurs. La dernière opération
du Crédit foncier aidé du concours officieux du Crédit agricole a
été l'emprunt autrichien qui a envoyé à Vienne 250,000,000
soutirés à nos départements.

Il est difficile de comprendre comment cette opération aura
contribué soit à la diminution de notre dette hypothécaire, soit à
l'augmentation du capital roulant de l'agriculture française.

Ceci n'est point une critique dirigée contre les *opérations* des
deux institutions de crédit ; leur marche financière est parfaitement
habile. Elles n'ont eu qu'un tort, celui de prendre un nom qui
ne leur convenait pas. Le Crédit agricole notamment savait par-

faitement que, la législation actuelle étant conservée, il ne pouvait rien faire pour l'agriculture ; mais il a jugé que c'était là un détail sur lequel on pouvait passer.

Il n'en demeure pas moins certain que la volonté de l'Empereur a été éludée et que l'étude du Crédit agricole qu'il avait ordonnée le 2 mars 1856 demeure tout entière à recommencer.

C'est ici le lieu d'indiquer brièvement les résultats politiques de la création du Crédit agricole. L'influence est inséparable des capitaux ; le capital, c'est l'arme de la civilisation. Quand on prive l'agriculture du capital pour le réserver aux autres industries, on place en regard deux populations, l'une soigneusement désarmée, l'autre ayant le droit de marcher toujours en armes. On donne à celle-ci l'ascendant sur celle-là. C'est ainsi qu'autrefois la possession de l'artillerie avait été réservée à la royauté ; les possesseurs de fiefs n'en pouvaient avoir. Plus les villes seront riches et les campagnes pauvres, plus les villes domineront les campagnes. Est-ce là l'intérêt de l'Empereur ? Si en décembre 1848, les campagnes n'avaient pas échappé à la domination morale que les villes avaient jusque-là exercée sur elles, qu'auraient produit les élections ? Elles auraient produit Cavaignac. Les gouvernements sont en général portés à tout accorder à leurs partisans et à tout refuser aux autres. C'est un tort, même au point de vue politique. Mais ce serait un tort plus grand de faire l'inverse et de tout refuser aux partisans dont on est bien sûr, pour en favoriser d'autres moins éprouvés.

La souffrance refroidit et finit par détacher les populations les plus affectionnées. En 1848, on faisait dire aux ouvriers : *Nous avons trois mois de misère au service de la république.* Il faut espérer que les paysans ont plus de trois mois au service de l'Empire (autrement le terme serait dépassé). Mais il n'est ni équitable, ni prudent de laisser leurs souffrances se prolonger, surtout quand elle tient à des causes artificielles et quand il n'y a qu'à vouloir pour y mettre un terme.

CHAPITRE VII

Nous croyons avoir démontré qu'il faut à l'agriculture de l'argent, et puis de l'argent, et encore de l'argent. Quelques-uns l'ont reconnu ; mais les moyens qu'ils ont proposés pour lui en procurer étaient tellement primitifs qu'ils semblaient empruntés à l'époque patriarcale. La plupart se sont adressés au gouvernement. C'était au gouvernement à se faire le banquier de l'agriculture et à la commanditer. Pourquoi devait-il commanditer l'agriculture plutôt que la fabrication du papier? C'est ce que je n'ai jamais compris. On a donné pour raison que l'agriculture, n'étant jamais sûre de pouvoir rembourser, ne devait pas inspirer confiance à un autre prêteur : raisonnement qui ne semble pas de nature à inspirer une grande confiance au premier. Le gouvernement aurait fort à faire, s'il devait secourir tous les gens besogneux et embarrassés. Il y aurait mieux que cela à lui demander; ce serait de rendre à l'agriculture son initiative ; ce serait de lui accorder non-seulement sa liberté d'action, mais, vis-à-vis des autres industries, cette égalité légale que tous les Français ont le droit de réclamer entre eux.

Le crédit repose sur la certitude donnée par le débiteur que son créancier ne subira aucun retard soit pour le service de ses intérêts, soit pour le remboursement de son capital. L'inégalité créée au préjudice de l'industrie agricole consiste en ce que les valeurs de toutes les autres ont été rendues disponibles et engageables, tandis que celles de l'agriculture sont toutes grevées d'entraves dépourvues de logique et qui n'ont pas d'autre résultat et peut-être pas d'autre but que de lui rendre le crédit impossible. Ceux qui croient que l'agriculture doit se ruiner par le crédit n'ont en effet rien de mieux à faire.

Ces entraves portent sur trois points principaux : le bail à cheptel, les immeubles par nature, le nantissement.

CHAPITRE VIII

DU BAIL A CHEPTEL

C'est dans le seul but d'obscurcir un peu la question que les anciens légistes ont créé le mot cheptel, au lieu de dire simplement capital. On a traduit capital en mauvais latin *captallum*, d'où l'on a fait *cheptellum*, puis on l'a retraduit en plus mauvais français et l'on a dit cheptel. (Voyez les Commentaires de M. Troplong.) Cela se passait il y a plusieurs siècles. Les idées modernes de crédit n'étaient pas même soupçonnées alors ; elles existaient à peine lorsqu'en 1803 et 1804 le Code civil fut discuté ; du reste on n'essaya pas même de les faire pénétrer dans les trois articles qui régissent le cheptel ; on se borna à reproduire le droit romain et les vieilles coutumes usitées dans les diverses provinces. En fait d'économistes, on consulta Pothier et la Thaumassière ; en fait de documents nouveaux, on consulta la coutume du Nivernais et celle de Beauvoisis. Ces coutumes n'étaient elles-mêmes qu'une émanation du droit romain ; or, M. Troplong dit, en parlant de la transcription des hypothèques : *Rien n'était plus étranger que tout cela aux idées de Crédit dont les créateurs primitifs du droit romain n'eurent aucune préoccupation.*

Lorsqu'on cite à propos de *Crédit* les jurisconsultes de l'ancienne Rome, c'est exactement comme si on citait ses physiciens à propos de photographie ou de télégraphe électrique.

On admit cinq variétés de cheptel, toutes également dépourvues de sens, au point de vue des idées de crédit qui prévalent aujourd'hui dans les pays civilisés et n'ayant entre elles qu'un trait d'union, la ferme résolution de réglementer à outrance les moindres actes du cultivateur, de le préserver des dangers imaginaires du crédit et de substituer entièrement à son libre arbitre l'arbitraire d'un texte dont on peut bien essayer de suivre la lettre, mais dont il est impossible de saisir l'esprit.

Ces cinq variétés de cheptel sont :

1° Le cheptel simple ;

2° Le cheptel à moitié ;

3° Le cheptel donné par le propriétaire au fermier qui, à cause de cela, se nommait autrefois cheptel de ferme; d'où l'on a fait *cheptel de fer* par abréviation et aussi pour éviter la clarté dont les anciens légistes semblent avoir eu l'horreur ;

4° Le cheptel donné par le propriétaire au colon partiaire ;

5° Le cheptel des vaches portières que le code déclare être improprement appelé cheptel, sans expliquer pourquoi on ne lui donne pas un nom mieux approprié.

Les dispositions de ces cinq espèces de cheptel sont toutes contradictoires entre elles, comme nous allons le faire voir. Les personnes étrangères à l'étude du droit, s'efforcent de saisir, sous ces contradictions, une pensée cachée et profonde. Vains efforts ! Les légistes les plus renommés ne l'ont jamais découverte et ne savent même pas comment classer le cheptel.

M. Troplong dit :

Le cheptel participe du bail à ferme ;
Il participe du louage d'ouvrage ;
Il participe du contrat aléatoire ;
Il participe du contrat de société.
Cujas et Donneau y voient une *société* complète.
Mouricaut y voit un *louage*.
Pothier et Coquille y voient un contrat innommé qu'ils n'hésitent pas à appeler *contractus innomatus (sic)*. Ce sont ces derniers qui ont le mieux rencontré. Pour exprimer un ensemble de dispo-

sitions incohérentes qui ne se rattachent à aucune pensée et qui sont en parfait désaccord, soit avec elles-mêmes, soit avec le reste de la législation, on ne pouvait mieux faire que de créer un barbarisme.

Ce qu'il y a de plus étrange, c'est qu'en créant une législation qui a été jusqu'ici et qui est encore le conservatoire de l'usure dans les campagnes, le législateur a prétendu travailler dans l'intérêt exclusif de la classe pauvre. C'est pour la défendre des exigences du capitaliste qu'il a introduit contre celui-ci des réserves sans nombre et sans nom qui ne pouvaient avoir et n'ont eu d'autre résultat que de l'éloigner sans retour.

Le capitaliste, avant d'engager ses fonds, exige invariablement deux conditions qui sont toujours les mêmes. Il veut un intérêt fixe qui lui soit régulièrement payé, puis un remboursement assuré. La législation a pourvu à ce qu'il ne pût jamais compter ni sur l'un ni sur l'autre. (Voir le texte du *Code* du n° 1800 au n° 1831, de la page 78 à la page 86.)

CHAPITRE IX

(Art. 1804, p. 78) « La législation, dit Teulet (p. 1000, § 41), a voulu que le cheptel fût un contrat aléatoire. »

1° Pourquoi? Quel dommage y aurait-il pour la morale publique, si un cheptelier disait à son capitaliste : Laissez-moi tout le croît du troupeau, c'est-à-dire la laine et les jeunes animaux produits; et je vous payerai par an un intérêt fixe dont nous allons convenir. C'est ce qui se fait dans toutes les transactions de crédit. Pourquoi l'agriculture est-elle privée d'une liberté d'action laissée à tous?

(Art. 1811). « Le preneur profite seul des laitages, du fumier, et du travail des animaux donnés à cheptel.

2° Quel inconvénient y aurait-il si un capitaliste habitant la campagne disait au fermier son voisin : Je vais vous fournir deux vaches dont le produit vous appartiendra en entier; mais j'ai besoin de lait, vous m'en livrerez un litre tous les jours; il me faut aussi une voiture de fumier pour mon jardin et puis vous me voiturerez mon bois ou toute autre chose, jusqu'à concurrence d'un nombre de journées déterminé.

3° Pourquoi contraint-on un prêteur à prendre de la laine dont il n'a pas besoin et lui interdit-on de se réserver une somme en argent, s'il en est d'accord avec l'emprunteur? Ne comprend-on pas que cela exclut toute grande opération de cheptel? Est-ce que la Compagnie du crédit agricole pourrait faire venir et emmagasiner dans ses bureaux, rue Neuve-des-Capucines, 10,000 petits lots de laine venus des quatre coins de la France? Qui payerait le port? Mais rien ne lui est plus facile que de faire venir de l'argent.

4° Cette stipulation d'une part dans les produits, au lieu d'un payement en argent, ouvre la porte à toutes les fraudes : en voici une choisie entre mille. Le cheptelier qui a tout le lait et la moitié seulement du veau a intérêt à ce que le veau périsse, pour que le lait lui reste en entier. Il s'arrange en conséquence. La compagnie du Cheptel qui existait à Paris, il y a quelques années, a eu trente-sept veaux de suite morts-nés dans le même département. Les chepteliers les tuaient à leur naissance et s'appropriaient tout le lait que les veaux auraient bu.

5° Pourquoi est-il interdit au capitaliste d'exiger dans le cheptel simple, plus de la moitié des produits? On nous dit que c'est par humanité pour l'emprunteur. Mais dans le cheptel à moitié, il lui est permis d'exiger moitié de plus, puisqu'il ne fournit que la moitié du capital et qu'il continue à retirer la moitié du produit total, exactement comme s'il avait fourni le capital entier? D'où il résulte qu'il reçoit 75 pour 100 sur le produit réel des bestiaux obtenus avec son argent. D'où vient qu'un simple changement de formule rend licite une variante de 50 pour 100 dans un chiffre qu'on nous présente comme une question de conscience et d'humanité?

6° Si le cheptelier est un colon partiaire[1], le capitaliste peut stipuler qu'il aura la moitié du laitage, qu'il aura la part de laine du cheptelier en la payant à un prix inférieur au prix ordinaire ; qu'il aura une plus grande part dans le profit. Si les règlements législatifs sont, comme on le prétend, une œuvre d'humanité envers le cultivateur pauvre, pourquoi sacrifie-t-on ainsi le colon partiaire? Et après qu'on l'a sacrifié, comment va-t-on faire valoir, vis-à-vis des autres cultivateurs, de prétendus motifs d'humanité qu'on vient de fouler aux pieds ?

---

[1] Le colon partiaire est, en langage vulgaire, un métayer. On l'a nommé colon partiaire par les raisons indiquées à la page 54, ligne 1-2.

7° M. Troplong approuve cette liberté laissée aux transactions du colon partiaire. « La raison en est, dit-il, que le métayer qui souffre une diminution sur sa part dans les produits peut en être dédommagé par les autres avantages qu'il trouve dans l'exploitation de sa métairie. » Mais qu'est-ce qui empêche que des compensations analogues soient offertes au cheptelier qui n'est pas colon partiaire? Si on lui demandait du lait ou du travail en lui laissant la laine et les veaux, et s'il y consentait, ce qui prouverait évidemment qu'il y trouverait son avantage, en quoi l'équité serait-elle blessée? et quel besoin a la loi d'intervenir?

8° Pourquoi a-t-on établi, sur le bénéfice brut, le calcul des fruits à partager entre le bailleur et le preneur?

Rien n'est plus sérieusement inhumain pour le preneur, puisque, lors même qu'il est en perte sur son cheptel et que son profit est beaucoup plus qu'absorbé par les pertes, les accidents et les frais de nourriture et autres, il n'en est pas moins obligé de livrer la moitié de son produit brut.

9° Le travail des animaux appartenant en entier au cheptelier, comment veut-on qu'un capitaliste lui fournisse des animaux de travail? La part du capitaliste se composant de la moitié de la laine et du croît, quel parti peut-il tirer d'un bœuf de charrue ou d'un cheval hongre?

10° En ce qui concerne les reproducteurs mâles, la part du capitaliste serait-elle rémunératrice? Il est évident que non ; tellement que jamais les reproducteurs, non plus que les animaux de travail, n'ont pu être fournis à titre de cheptel.

11° Que dirons-nous des vaches laitières qui ne nourrissent point leur veau? Quelle sera la part du bailleur qui ne peut avoir aucune part du lait? Ce cheptel est impossible. M. Troplong dit : *Je n'en ai rencontré aucun exemple dans ma pratique* (§ 1260.)

12° Il n'a point été distingué entre l'animal qui vit de pâturages et celui qu'il faut nourrir à grands frais. Le mouton dans certains pays ne coûte pendant l'été que les frais de garde. Le porc mange à l'étable et sa nourriture est chère. En un an, la valeur du porc doit tripler. S'il a coûté 40 fr. il en vaut 120, dont

80 représentent le croît. La moitié de ce croît, soit 40 fr., appartiendrait au capitaliste, qui gagnerait 100 p. 100, tandis que le cheptelier, ayant dépensé plus de 40 fr. en nourriture et soins, demeurerait en perte. La loi ne tient aucun compte de ces différences ; mais, dans l'application, elles se retrouvent : le cultivateur refuse le cheptel de porcs, comme le capitaliste refuse les autres.

Voilà pour ce qui concerne le produit du cheptel.

CHAPITRE X

Le bailleur peut-il au moins être sûr de rentrer dans ses capitaux après en avoir perdu le revenu ?

Non.

En cas de perte partielle du cheptel, le bailleur doit en supporter la moitié. En cas de perte totale, il doit la supporter tout entière, et cela nonobstant toute convention contraire.

On chercherait vainement, dans toute la législation française, un second exemple d'une telle disposition. En toute autre circonstance, on cherche à assurer la rentrée des fonds prêtés ; ici, on délie le débiteur de toute obligation de rembourser, lors même qu'il lui conviendrait de l'assumer et lors même qu'il l'aurait réellement assumée tout entière.

Le but avoué de ces dispositions est de favoriser le preneur aux dépens du bailleur. (Voyez *Gazette du palais*, p. 230, § 15, 42 à 45.) Teulet et d'Auvilliers n'ont pas craint d'écrire avec une franchise dont on doit leur savoir gré :

« § 11. Toutefois, la stipulation contraire ne pourrait aller jusqu'à constituer une société léonine au préjudice du preneur qui ne doit contribuer aux pertes que dans la proportion du bénéfice qu'il est appelé à recueillir.

« § 12. Mais ces clauses, *bien qu'elles aient un caractère léonin*, peuvent être insérées dans le contrat au bénifice du preneur. »

Léonin veut dire *injuste, violent, spoliateur*. Et l'on déclare hautement que l'on admet, au préjudice du bailleur, des clauses reconnues léonines ! Comment n'a-t-on pas compris que le bail-leur averti devait immédiatement s'éloigner? Rien n'est plus facile que d'interdire aux transactions telle ou telle forme déterminée; ce n'est là qu'une œuvre de destruction toujours bien aisée au législateur. Mais arrive ensuite la seconde moitié de sa tâche et c'est de beaucoup la plus difficile: il faut reconstruire, c'est-à-dire substituer à la forme proscrite une forme meilleure ou sup-posée telle : par exemple, en 1795, on avait supprimé la liberté dans le commerce du blé, par l'introduction du maximum. C'était une folie révolutionnaire; mais au moins on l'avait poussée jusqu'au bout. Le maximum ayant éloigné les blés du marché, on avait ordonné qu'ils fussent amenés de force; voilà ce qui s'ap-pelle être conséquent. La loi sur le cheptel en ayant éloigné les capitaux, il fallait les y ramener, comme les grains, à l'aide de la gendarmerie. Autrement, loin d'améliorer la position du preneur, on l'aggravait, puisqu'en éloignant de lui les capitaux honnêtes, on le livrait pieds et poings liés aux usuriers. L'usure qui dévore les campagnes, n'a pas d'autre cause que la rareté de l'argent. Lorsque la nécessité commande, il faut emprunter à tout prix, à 5 si l'on peut, ou bien à 10, ou bien à 20, ou bien à 100, comme M. Volowsky nous apprend qu'on le fait dans la Creuse. Plus l'on appellera de concurrents au prêt, plus l'intérêt s'abaissera : mais pour cela, il faut d'abord que la loi protége les transactions sin-cères, au lieu de protéger celles qui ne le sont pas.

Parmi les clauses oppressives qu'on a hautement admises au préjudice du bailleur, il s'en trouve une dont le caractère léonin est plus prononcé encore que celui des autres; c'est celle qui dé-clare que, la perte partielle étant partagée par moitié entre le preneur et le bailleur, la perte totale incombe tout entière au bailleur. Aussitôt qu'un cheptel est entamé, le preneur a un in-térêt direct à détruire ce qui en reste, puisque c'est le seul moyen qu'il ait de s'exonérer de sa part dans la perte réalisée. Il le fait malheureusement trop souvent, et notamment dans les dernières inondations de la Loire et de l'Allier on a vu des chepteliers jeter, publiquement, dans la rivière le montant d'un cheptel qui avait éprouvé des pertes. On pourrait produire des témoins *oculaires* parfaitement dignes de foi.

C'était certainement une combinaison monstrueuse que celle qui donnait au pasteur chargé de veiller sur un troupeau un intérêt direct à le détruire. Les jurisconsultes l'ont reconnu (Voyez Duranton, Troplong et autres) et rien ne prouve mieux l'absence de toute raison à l'appui de cette énormité que les efforts qu'ils ont faits pour en trouver. Teulet dit (p. 1000 et 40): *La rigueur des principes ne permettait pas d'adopter une autre solution.* Comme si la forme dogmatique pouvait être employée en jurisprudence! Et comme si les principes qui poussent les chepteliers au crime ne cessaient pas par cela même d'être des principes admissibles.

La commission officielle qui a donné, en 1857, son avis sur le Crédit agricole a donné une autre explication; la voici: *La loi n'a exempté le cheptelier de contribuer à la perte totale que si on n'a aucune faute à lui reprocher.*

Cela paraît assez clair au premier coup d'œil; mais, dans la pratique, on arrive au chaos le plus inextricable. Les jurisconsultes distinguent entre la faute lourde, la faute légère et la faute très-légère. Coquille, interprétant la coutume du Nivernais, prononce qu'elle ne rendait pas le cheptelier responsable de la faute très-légère. Duvergier veut qu'il le soit. Toullier ne se prononce pas. Duranton et Troplong écartent la faute très-légère. Chaque tribunal peut choisir entre ces diverses interprétations; et quand il a choisi, il n'y a rien de fait : car alors se présente une seconde question. Quelle est la limite entre la faute légère et la faute très-légère. La définition reste à faire et ouvre la porte à une indéchiffrable logomachie.

Mais ici se présente une disposition singulièrement frappante et qui montre, dans toute son étendue, la partialité, du reste franchement avouée, de la loi.

En toute autre circonstance, la preuve qu'il n'y a pas eu faute incombe à celui qui peut en être accusé. Ici, au contraire, c'est au bailleur à prouver au cheptelier la faute. Troplong n'hésite pas à signaler cette disposition comme exceptionnelle et dérogeant au droit commun.

Il aurait pu étendre cette déclaration à toute la législation sur le cheptel.

Le seul prétexte allégué à l'appui de cette législation exceptionnelle, c'est le désir de protéger le pauvre et l'ignorant contre la ruse et l'avidité d'un capitaliste plus instruit que lui. Troplong (p. 345) s'exprime ainsi :

« Lorsque la loi est déjà trop rigoureuse pour les chepteliers dans la balance du droit respectif, on voudrait que le propriétaire vînt pressurer, par de nouvelles charges, ce pauvre pasteur qui donne des soins, des logements, la nourriture au troupeau ! »

Voyons donc comment on l'a protégé :

1° Dans le cas de cheptel de fer, la perte, même totale et par cas fortuit, est, en entier, à la charge du fermier, s'il n'y a convention contraire. (Art. 1825.)

2° « En cas de cheptel fourni à un colon, rien n'empêche de stipuler que le preneur entrera, si non pour la totalité, au moins pour partie, dans la perte totale. On pourrait lui assurer le tiers, la moitié, deux tiers, dispositions sages et surtout parfaitement éclairées et logiques. » (Troplong, *Commentaires*, p. 1224.)

3° « Dans les provinces où il y a peu de pâturages et où par conséquent on nourrit difficilement le bétail, la convention par laquelle on chargerait le preneur d'une partie de la perte qui peut arriver sur le fonds du cheptel serait *injuste et illicite*. » (Pothier.)

Injuste et *illicite*. Tout à l'heure on nous disait : *La rigueur des principes*. Le dogmatisme sait diversifier ses formes : quand cesserons-nous d'être dupes des mots? Pourquoi le cheptel livré au fermier et au colon différerait-il du cheptel livré à un autre cultivateur? Je lis dans la Constitution que tous les Français sont égaux devant la loi : je ne vois pas qu'on ait introduit une exception pour le Français colon ou fermier. En cas de cheptel de fer et de fermage en général, la force majeure même peut être mise à la charge du fermier. (V. art. 1772 et 1775 du C. C.)

« Cette convention s'explique très-facilement, dit Troplong. Le fermier chargé de risques paye moins en canon qu'il n'aurait payé s'il n'en avait été chargé. » (*Commentaires*, p. 1256.)

N'en est-il pas de même du cheptelier non colon ni fermier ? Pourquoi, lui aussi, n'aurait-il pas le droit de demander un allégement de charges, moyennant que les risques lui resteraient ? S'il y trouve du bénéfice, pourquoi lui interdit-on de le réaliser ? C'est ce que s'est demandé le Sénat qui, dans le projet de Code rural, demande le partage *facultatif* de la perte totale entre le bailleur et le preneur.

On prétend agir dans l'unique intérêt du cheptelier et les jurisconsultes qui ont traité de la question du cheptel ont fréquemment déserté le terrain de la logique pour donner à leur sensibilité une carrière assez intempestive. L'un des plus intelligents et des plus progressifs d'entre eux, M. Troplong, dont l'autorité est si grande, n'a pas échappé à cette tentation.

« Lorsque la loi est déjà trop rigoureuse pour le cheptelier dans la balance des droits respectifs, on voudrait que le propriétaire vînt pressurer, par de nouvelles charges, ce pauvre pasteur qui donne des soins, des logements, la nourriture au troupeau ! » (p. 344, *Commentaires*.)

Mais d'abord il est difficile de comprendre comment la loi pourrait créer des *droits respectifs* entre un bailleur et un preneur. Le capitaliste prête s'il veut et, si la loi prétend créer des *droits respectifs* qui ne lui agréent point, il en est quitte pour donner à ses fonds une autre direction. Pour un prêt, comme pour une vente ou un mariage, il faut être deux. J'ai entendu parler, il y a dix-huit ans, du droit au travail : je n'ai jamais entendu parler du droit à l'emprunt. Vouloir en fixer les conditions, c'est méconnaître les lois primordiales et fondamentales qui régissent le crédit et qui sont aussi inébranlables que celles qui régissent la chute des graves ou l'écoulement des liquides. On peut bien négliger la *rigueur* des *principes* quand ces principes sont de pure convention et gratuitement créés pour les besoins de la cause par des légistes bien ou mal intentionnés ; mais on ne méconnaît pas impunément les lois de la dynamique financière, pas plus que celle de la dynamique corporelle.

Ensuite, il peut arriver que ce soit précisément au détriment du cheptelier que la loi tourne et, en voulant lui procurer la faculté peu enviable de duper son bailleur, on a laissé à son bailleur la faculté de le duper lui-même. Le *Journal du palais* justifie ou du moins explique, ainsi qu'il suit, les dispositions exceptionnelles qui ont été, en fait de cheptel, substituées au droit commun.

« Les chepteliers livrés, le plus souvent, par leur ignorance et leur pauvreté, à la merci des propriétaires de bestiaux, eussent pu se laisser imposer des conditions trop onéreuses, sans même en apprécier l'étendue, ni les suites, si le législateur, par des dispositions sagement instinctives, ne leur eût accordé une protection qu'ils ne pouvaient tirer d'eux-mêmes. »

Il y aurait ici des réflexions sans nombre à présenter sur cette étrange prétention de *protéger* des gens qui, en fait de connaissances agricoles, en savent infiniment plus long que leurs savants protecteurs. Quand je lis les réflexions des légistes sur l'agriculture, il me semble toujours qu'ils l'ont étudiée dans quelques livrets d'opéra comique ; ils ne comprennent le paysan que sous la forme de Jacques Bonhomme. Ils ne paraissent pas se douter que l'éducation primaire a fait des progrès partout, que le paysan est ordinairement un modèle de gros bon sens et d'économie que beaucoup de lettrés et de jurisconsultes feraient bien d'imiter, qu'enfin, en intervenant dans ses affaires, ils y apportent un élément de trouble et d'ignorance si profond que, même après coup, ils ne s'aperçoivent pas du mal affreux qu'ils ont causé. Essayons donc de leur exposer les suites de leurs tristes systèmes, non au point de vue agricole général dont peut-être ils feraient bon marché, mais au point de vue de leur *protégé* spécial, le cheptelier.

Les 51 articles du Code qui régissent le cheptel se composent en grande partie de dispositions négatives telles que celles-ci : *On ne peut stipuler*, etc. *Le preneur ne peut stipuler*, etc. *Le bailleur ne peut stipuler*, etc. *Toute convention contraire est nulle.*

D'où il résulte que le cheptelier, avant de prendre un cheptel,
doit avoir étudié toutes ces stipulations et ces impossibilités : on le
suppose cependant ignorant et inférieur en intelligence au bailleur :
l'avantage ne restera-t-il pas à celui-ci? Par exemple, le bailleur
consentira sciemment au cheptelier des clauses déclarées nulles
par la loi ; puis il se prévaudra des prohibitions législatives et
frustrera la cheptelier : par exemple, il promettra de se contenter
d'un intérêt fixe ; sur cette assurance, le cheptelier croyant
profiter seul de ses déboursés, nourrira grassement le troupeau
et se mettra hardiment en dépense ; puis au bout du bail à
cheptel, si le bailleur voit le troupeau augmenté et prospère, il ré-
clamera sa moitié du croît, et les tribunaux la lui alloueront,
même en présence d'un engagement contraire écrit.

C'est ici le lieu de se demander si la loi a réellement le droit de
déclarer nulle une convention faite de bonne foi, et d'un commun
accord, entre les parties : qu'elle en ait le pouvoir, cela ne peut
être contesté ; mais, en exerçant ce pouvoir, ne donne-t-elle pas
un fatal exemple? Que peuvent penser les justiciables, en voyant la
loi soutenir la déloyauté et accabler l'homme de bonne foi? Cette
disposition, d'ailleurs, doit tourner presque toujours au détriment
des petits et des faibles et par conséquent des chepteliers qu'on
voudrait avantager.

Il y a une autre disposition qui peut profiter au cheptelier :
mais si elle tourne au préjudice du bailleur, elle tourne encore
plus au préjudice de la morale : c'est la faculté laissée au cheptelier de vendre les bestiaux composant le cheptel et d'en détourner le prix. Un propriétaire monte ses fermes de bestiaux ; deux
jours après, ils ont disparu. On les retrouve chez un voisin qui les
a achetés du fermier, à la foire. Le propriétaire porte plainte au par-
quet qui lui dit : *Portez-vous partie civile, poursuivez à vos frais ;*
c'est-à-dire faites des frais qui ne vous rentreront jamais : votre fermier est insolvable ; mais peut-être obtiendrez-vous contre lui une
contrainte par corps, au moyen de laquelle vous le nourrirez à vos
frais en prison. Voilà ce que vous pourrez espérer de mieux. En
présence d'une telle perspective, le propriétaire dépouillé se ré-

signe : à quoi lui servirait d'aggraver sa perte ? On pourrait produire un propriétaire que ses fermiers ont ainsi dépouillé en peu d'années de 16,000 francs. Le procureur impérial a refusé de poursuivre ; et il en est toujours ainsi, sauf dans un très-petit nombre de cas exceptionnels.

Cela n'empêche pas certains écrivains agricoles de dire : C'est au propriétaire à monter ses fermes et s'il ne les monte pas, il manque *à son devoir*.

On ne lui rend pas ce devoir facile, ni profitable.

La bizarrerie de notre législation sur le cheptel s'est augmentée en 1852 (28 avril) d'une modification apportée à l'art. 408 du Code pénal, pour appliquer au détournement du cheptel les peines de l'abus de confiance (2 mois au moins, 2 ans au plus d'emprisonnement, plus une amende). Si cette pénalité avait été appliquée aux 5 espèces de cheptel, l'agriculture aurait dû des actions de grâces aux législateurs : mais, par une anomalie étrange, elle n'est applicable qu'au cheptel simple : les 4 autres espèces de cheptel demeurent soumises à l'ancien régime, celui de l'impunité. Comment peut-on, dans des cas exactement semblables, introduire des législations différentes? Le cheptel de fer est fourni par le propriétaire : mais, comme il demeure sa propriété, cela ne diminue en rien la culpabilité du détournement. La loi voudrait-elle protéger le capitaliste mobilier plus efficacement que le capitaliste foncier ? Ce serait là une pensée partiale et qu'on n'oserait avouer. Mais le plus affligeant de l'affaire, c'est que le cheptel simple, qui est le seul protégé, est une exception parmi les cheptels. Le cheptel simple ne représente probablement pas la vingtième partie du total des cheptels. Les dix-neuf autres vingtièmes demeurent sans protection, de sorte que le bénéfice de la loi de 1852 est, comme presque tous les avantages accordés à l'agriculture, à peu près nominal et illusoire.

En résumé, la législation du cheptel est oppressive et entachée d'arbitraire au plus haut degré. Elle pousse à l'extrême la plus mauvaise doctrine de la vieille école du système protecteur; elle supprime la liberté des transactions ; elle est entachée d'immoralité, puisqu'elle tolère le vol. Elle sacrifie, de la manière la plus complète, le bailleur au preneur et sa partialité est devenue tellement évidente qu'elle éloigne de l'agriculture les capitaux prudents et sérieux. Quels sont les avantages obtenus à un tel prix et à qui profite-t-elle donc? Aux chepteliers apparemment? Eh bien, voici ce qu'en pensent les légistes qui les défendent.

Dans un document officiel consacré à la défense de cette législation et qui ne date pas de dix ans, je trouve les phrases suivantes qui me semblent bien caractéristiques :

« Tous ceux qui ont écrit sur ces matières, jurisconsultes et économistes, s'accordent à remarquer que la condition des chepteliers, hommes généralement *pauvres* et ignorants, n'est déjà que trop *misérable*.

« ..... On n'a jamais vu les chepteliers non-seulement faire fortune, mais même arriver à la plus modeste aisance, ce qui permet de supposer que leur condition n'est pas réellement si favorable et cette observation, du reste, n'a pas échappé aux légistes qui ont traité la matière. »

Nous avons cité précédemment un article du *Journal du palais* où se trouvent ces mots :

« Les chepteliers, livrés le plus souvent par leur ignorance et par leur *pauvreté* à la merci des propriétaires de bestiaux, etc. »

Et un autre passage de M. Troplong ainsi conçu:

« On voudrait que le propriétaire vînt pressurer par de nouvelles charges ce *pauvre* pasteur qui donne des soins, des logements, la nourriture au troupeau! »

Ainsi la pauvreté, toujours la pauvreté! quand toutefois ce n'est pas la misère! Voilà l'invariable apanage du cheptelier et *on ne l'a jamais vu en sortir*. Mais alors au profit de qui est donc faite la loi? Elle effarouche et met en fuite les capitalistes. Elle ruine et dépouille les propriétaires ; elle démoralise les chepteliers, en les accoutumant à chercher leur bien-être dans des crimes toujours impunis. Elle est le fléau de l'agriculture. Elle ne rapporte rien au Trésor.

À qui est-elle profitable et dans quel intérêt la conserve-t-on?

CHAPITRE XI

C'est, nous dit-on, dans l'intérêt de l'agriculture qu'on a immobilisé les objets meubles qui servent à la culture. On n'a pas voulu que les instruments de labour, les animaux, les semences pussent, à l'aide d'une saisie mobilière toujours rapide, être enlevés au cultivateur, laissant la ferme sans moyens d'exploitation ; Voilà le principe. Dans l'application, il a été poussé au delà de toutes les limites raisonnables. On a immobilisé les pigeons, les abeilles, les lapins de garenne. Est-ce qu'on n'a jamais vu une culture s'arrêter, faute de pigeons et faute de lapins ! Mais on ne s'est pas borné là ; on a immobilisé des objets entièrement dépourvus de tout rapport avec la culture, par exemple, des coupes de bois. Il est tout à fait impossible de rattacher, de près ou de loin, les coupes de bois à l'agriculture. Leur immobilisation n'a pu avoir que deux motifs. L'un est purement fiscal ; la vente immobilière paye au Trésor et à d'autres des frais considérables ; la vente mobilière ne paye presque rien. En étendant le champ des immeubles, on a donc étendu le champ des frais de justice. L'autre, c'est la prétention souvent mise en avant que le Crédit est la ruine de l'agriculture et que, par conséquent, il faut le lui ôter. Il serait facile d'indiquer combien d'intérêts privés et égoïstes se cachent derrière cette apparence protectrice et paternelle ; mais abstenons-nous d'attaques et bornons-nous à les indiquer.

1° Les coupes de bois semblent faites tout exprès pour servir de base au crédit agricole : elles peuvent, sans inconvénient sérieux, être avancées ou retardées d'une ou plusieurs années.

2° Elles offrent un gage d'autant plus solide qu'il ne peut être détourné clandestinement.

3° L'engagement d'une coupe serait d'autant plus utile que souvent il la préserverait de sa destruction. Un propriétaire qui a des ressources ultérieures, mais qui se trouve sous le coup d'engagements échus, a son bois pour leur faire face. S'il avait pu l'engager, il l'aurait ensuite dégagé et conservé.

4° Quelle inconséquence énorme de permettre la vente et de proscrire l'engagement? Ordinairement on dit : qui peut le plus peut le moins ; ici c'est le contraire. On permet la vente qui détruit, on interdit l'engagement qui conserve.

5° Le bois, dès qu'il est vendu, peut devenir l'objet d'engagements valables, d'où résulte une différence de position entre le marchand de bois et le propriétaire, toute au préjudice de ce dernier; la même marchandise, suivant qu'elle est entre les mains de l'un ou de l'autre, est déclarée propre ou impropre à constituer le crédit.

Mais si nous nous bornons à l'examen des immobilisations par nature qui se rattachent réllement à l'agriculture, que trouvons-nous?

Sur 100 exploitations françaises, il n'y en a pas 4 qui soient convenablement et suffisamment pourvues d'instruments, d'animaux, d'engrais et de tout ce qui constitue le *capital roulant*. On ne veut pas que le peu qui s'y trouve soit enlevé pour payer des dettes : admettons-le pour le moment. Mais si l'on veut empêcher le capital roulant de partir, il ne faut pas l'empêcher d'arriver. Si l'on saisit les bestiaux pour payer une dette antérieure provenant d'une acquisition territoriale, de frais de justice ou autre cause qui ne se rapporte pas à la culture, on démonte le domaine, soit ; mais si on les saisit pour rembourser les fonds qui ont servi à les acheter, il n'est pas possible de voir quel préjudice la culture peut en éprouver. Un capitaliste a fourni des bestiaux pour un an ; au bout de l'année, il en demande le prix et si le cultivateur ne le lui paye pas, il reprend ses bestiaux. Rien ne me paraît plus simple et plus régulier. Si l'on pouvait le déterminer à fournir des bestiaux et à les laisser sans en recevoir le prix, ce serait sans doute plus avantageux pour le cultivateur; mais on ne peut pas l'espérer.

De quel droit vient-on donc dire à un capitaliste : Vous avez stipulé que les bestiaux vous seraient rendus ou payés au bout d'un an : eh bien, si vous voulez les avoir, intentez une action civile et réclamez une vente immobilière; vous rentrerez dans vos fonds un an plus tard, après les avoir préalablement mangés en frais d'avoués, d'huissiers et d'avocats. Qu'arrive-t-il? Le capitaliste, qui sait d'avance ce qui l'attend, achète des obligations de chemins de fer et laisse dans la pauvreté l'agriculture que la loi autorise et excite sans cesse à tromper son créancier.

Ce n'était pas un économiste bien avancé que Louis XIV; eh bien, sur ce point, il était en avant du Code civil et des jurisconsultes de notre époque. Il nous a laissé une *déclaration* qui exempte formellement des dettes non recouvrables par voie de saisie mobilière

« Les sommes dues au vendeur ou à *celui qui a prêté l'argent pour l'achat des mêmes bestiaux et ustensiles* et ce qui sera dû pour les fermages et moissons des terres où seront les bestiaux et ustensiles. »

Cette déclaration est de 1667. N'est-il pas honteux qu'en 1866, nous soyons moins avancés?

Si l'on veut se reporter à quelques siècles en arrière, on retrouvera dans les documents qui nous restent de l'ancienne monarchie des notions précieuses sur les causes extrêmes qui ont nécessité des remèdes extrêmes aussi. On peut lire, par exemple, la déclaration de Henri IV du 16 mai 1595. (Anciennes lois françaises, Isambert, t. XV, p. 99.) On verra combien l'ordre social d'alors différait de l'ordre social d'aujourd'hui et combien les motifs qui faisaient agir le législateur, il y a trois cents ans, se trouvent aujourd'hui annulés et éteints. Cependant leurs conséquences ont été maintenues.

D'autres objets que les bestiaux ont été déclarés immeubles par destination, bien qu'ils fussent meubles par nature. Nous citerons, en première ligne, les récoltes pendantes par racines :

1° Elles sont immeubles tant qu'elles ne sont pas récoltées. Pourquoi? On ne peut pas prétexter ici la nécessité de conserver les instruments de la culture. Les récoltes sont un produit de la culture et non un instrument ; elles sont un effet, non une cause. On les a produites dans le but spécial de les faire sortir du domaine. Comment se fait-il qu'on ne puisse pas en disposer?

2° Le propriétaire peut les vendre six semaines avant la récolte : pourquoi six semaines plutôt que cinq ou sept?

3° Et, pouvant les vendre, comment se fait-il qu'il ne puisse pas les engager? Est-ce que l'aliénation n'est pas un acte plus grave que l'engagement temporaire?

4° Le législateur, en prenant de telles mesures, s'est préoccupé de prévenir les accaparements. Mais si l'accaparement, sur un point donné, était facile, alors que la France était divisée en provinces séparées par des lignes de douanes et alors qu'elle ne possédait pas une seule bonne route, est-il possible maintenant que les chemins de fer, les routes et les chemins vicinaux nivèlent les prix et mettent à la portée des plus petits villages les grains de trois parties du monde? Pourquoi conserver de vieilles entraves qui n'avaient d'autre raison d'être que la nécessité de prévenir des abus devenus, par la force des choses, impossibles aujourd'hui?

5° Il y a une autre loi de la même force qui interdit la vente des blés en verd. Cette loi (6 messidor an III) est contemporaine de celle du maximum qu'elle égale à peu près en raison. Elle n'est, du reste, ni supérieure ni inférieure en raison aux autres restrictions infligées à l'agriculture; c'est un caprice de plus qu'a eu le législateur. On peut retourner ses récoltes en verd et on ne peut pas les vendre et les couper ! D'ailleurs, cette loi est journellement violée, surtout aux environs de Paris où une partie considérable des récoltes est coupée et mangée en verd. Il vaudrait mieux supprimer une loi impossible à maintenir que de la laisser journellement violer.

6° La vente en vert des céréales étant autorisée de fait, bien que contrairement à la loi, l'époque réelle de leur récolte est celle à laquelle on les coupe pour les faire manger aux animaux. Cependant la vente n'est permise que six semaines avant la récolte en sec.

7° Voici le texte de la loi sur les banques coloniales du 25 avril, 25 juin et 11 juillet 1851.

Art. 8 autorisant : « Tous actes ayant pour objet de constituer des nantissements par voie *d'engagement, de cession de récoltes, de transport ou autrement* au profit des banques coloniales et d'établir leurs droits comme créanciers. »

Art. 9 autorisant : « les actes de prêt sur *cession de récoltes pendantes.* »

Art. 11 : « A défaut de remboursement à l'échéance des sommes prêtées, les banques sont autorisées, huitaine après une simple mise en demeure, à faire vendre aux enchères publiques, nonobstant toute opposition, soit les marchandises, soit les matières d'or ou d'argent données en nantissement ; *soit les récoltes cédées ou leur produit,* sans préjudice des autres poursuites, etc. »

On autorise aux colonies ce que l'on interdit dans la mère patrie. Pourquoi ?

Il y a du gâchis dans tout cela. L'agriculteur devrait être libre de vendre la récolte quand il veut et comme il veut. Et comme l'engagement mobilier est un acte moins grave et moins décisif que la vente, il devrait être libre, à plus forte raison, d'engager tout ce qu'il peut vendre.

Toute réglementation contraire est arbitraire, oppressive et présomptueuse, puisqu'elle suppose que le législateur est appelé et est apte à surveiller le cultivateur dans sa vie privée et dans sa vie industrielle et à le diriger dans des opérations, où il est de fait infiniment plus éclairé que ceux qui veulent lui communiquer leurs lumières.

CHAPITRE XII

Art. 2076. Dans tous les cas, etc. (Voir page 88).

Le nantissement est l'hypothèque mobilière. L'emprunteur donne en garantie à son créancier, au lieu d'immeubles, des valeurs mobilières quelconques. Qu'elles consistent en rentes sur l'État, créances sur des particuliers, actions de chemins de fer, bijoux, métaux et autres valeurs commerciales ou bien en bestiaux, grains, gerbiers, meules de foin et autres valeurs agricoles, la loi ne distingue pas et assujettit le tout à une même réglementation.

Le différence est pourtant capitale. Rien n'est plus facile que de mettre et laisser entre les mains du créancier une valeur commerciale : rien n'est plus difficile que d'y mettre une valeur agricole. La Banque de France reçoit bien des lingots, du numéraire et du papier ; il lui est matériellement impossible de recevoir ou de mettre entre les mains d'un tiers les marchandises encombrantes de l'agriculture. La législation a donc pour effet de rendre le crédit accessible au commerce seul et d'en priver l'agriculture. Peut-être c'est ce que l'on a voulu, quand on croyait que le crédit lui était mortel : maintenant on est arrivé au vrai. On croit que la liberté est toujours salutaire et les entraves toujours nuisibles. Telle est la différence entre le système du libre échange et celui de la protection.

On allègue en faveur de la législation actuelle que le déplacement seul peut donner au prêteur une sécurité complète ; que l'engagiste pourra toujours, s'il reste en possession de son gage, le détourner et frustrer ainsi son créancier ; qu'il pourra, en outre, engager deux fois le même objet à des prêteurs différents. On produit encore quelques autres formes suivant lesquelles la mauvaise foi pourrait bien s'exercer : mais le jour où la loi voudra bien considérer et punir comme vol le détournement ou le double engagement de l'objet engagé, aucun engagiste ne voudra encourir cette peine. On peut bien objecter que tous les jours on voit des gens se rendre coupables de vol ; mais c'est parce qu'ils espèrent que leur crime demeurera inconnu, espoir qu'ils ne peuvent avoir ici. D'ailleurs, si l'on ne veut pas voir une garantie absolue dans le nantissement donné sans déplacement, même protégé par une clause pénale, on ne peut nier qu'il ne présente une garantie relative très-supérieure à celle qui peut être présentée aujourd'hui. Enfin, il est certain qu'avec cette garantie, les capitaux prudents n'hésiteront pas à s'engager avec tous les cultivateurs présentant quelque honorabilité et tenant un peu à leur réputation. Ceux-là composent encore l'immense majorité dans les campagnes, et en dehors d'eux, il ne resterait qu'un petit noyau de gens sans moralité qui seraient privés de crédit et qui mériteraient de l'être.

Croit-on que ce que nous demandons s'écarte beaucoup des usages déjà admis ? Examinons.

On lit dans le *Journal du palais* (voyez *Gage*) : « § 59. La tradition peut s'opérer non-seulement par la translation des choses données en gage dans les bâtiments du créancier, *mais encore par la remise des clefs*, si, pour éviter des frais considérables de transport, elles ont été laissées dans ceux du débiteur. »

Voyez aussi *Code civil*, art. 1606, n° 531.—Aix, 21 février 1840 (tome I, page 623, 1840. Lançon, C. Lafonds).

Et aux art. 2073, 2084 du Code civil annoté par Teulet et d'Auvilliers :

« § 106. Les parties peuvent stipuler par le contrat que le débiteur donnera des soins à la conservation de la chose remise en gage, surtout lorsqu'elle exige des connaissances spéciales que tout le monde ne peut avoir. Dans ce cas, la remise momentanée

qui serait faite par le gagiste au débiteur des clefs du magasin où
sont renfermés les objets donnés en gage, ne serait point un acte
qui pût être considéré comme un dessaisissement de la part du
créancier gagiste. Le débiteur n'agit plus alors que comme man-
dataire du créancier, dans l'intérêt de la conservation de la chose
commune. »

On voit donc que, dans l'état actuel de la législation, le débiteur
peut conserver, avec l'assentiment de son créancier, la faculté matérielle de détourner le gage, sans que la tradition se trouve pour
cela interrompue. La sécurité du créancier deviendrait complète
malgré cette faculté matérielle laissée au débiteur, si celui-ci était
frappé, en cas de détournement, d'une pénalité suffisante.

Il n'y aurait à introduire dans la jurisprudence actuelle que des
modifications presque insignifiantes. Le débiteur possède déjà la
faculté de consigner en remettant les clefs de son bâtiment, tout en
se réservant un accès auprès de l'objet engagé.

Il faudrait :

1° Qu'il pût consigner en mettant le créancier en possession,
non d'un bâtiment entier, mais d'une portion quelconque de bâti·
ment ;

2° Qu'il pût donner des soins à l'objet engagé soit en dedans,
soit au dehors du bâtiment, afin de pouvoir conduire des bestiaux
engagés à l'abreuvoir, au pâturage ou à la charrue; l'application
des peines portées aux art. 386 et 408 du Code pénal serait une
garantie suffisante que le gage serait réintégré;

3° Que ces dispositions passassent de la jurisprudence dans la
législation, afin de prévenir les variations auxquelles la première
est sujette.

CHAPITRE XIII

AUTORITÉS DIVERSES QUI SE SONT PRONONCÉES EN FAVEUR DU CRÉDIT AGRICOLE

Nous citerons, en premier lieu, une autorité qui nous est précieuse.

Le 8 mai 1857, M. Rouher alors ministre de l'agriculture envoya à M. d'Esterno, secrétaire du Comité de crédit agricole dont nous avons parlé plus haut, un extrait de l'avis de la Commission officielle nommée en 1856, sur l'ordre de l'Empereur, pour étudier la question du crédit agricole. Voici sur le point qui nous occupe la copie textuelle de la lettre du ministre.

« Vous demandez une autre modification, à savoir l'abro-
« gation de l'article 2076 du Code aux termes duquel « le privi-
« lége ne subsiste pour le gage qu'autant qu'il a été mis, ou il
« est resté entre les mains du créancier ou d'un tiers désigné
« d'accord.

« Vous exposez, à l'appui de cette demande, que l'actif mobilier
« d'un agriculteur se compose d'objets d'un déplacement très-
« difficile et souvent impossible, récoltes, bestiaux, etc.

« Ici, monsieur le comte, la Commission a adopté votre avis.

« En effet, il est certain que le législateur n'a pas toujours eu
« cette méfiance pour le débiteur. Ainsi, en matière de saisie-exé-
« cution, il a permis de laisser le débiteur dépositaire du gage mo-

« bilier appartenant à ses créanciers. Il est d'autres cas où le créan-
« cier conserve son privilége sur l'objet resté entre les mains et
« dans le domicile de son débiteur, soit par exemple le privilége
« au profit du vendeur d'objets non payés.

« D'ailleurs on peut ajouter que le prêteur trouvera sa garantie
« dans la moralité de l'emprunteur, moralité qu'il aura dû appré-
« cier avant de placer en lui sa confiance.

« D'après ces considérations, il y aurait lieu de modifier la légis-
« lation actuelle, mais par des dispositions spéciales et applicables
« seulement aux prêts faits sur nantissement à des agriculteurs, et
« affectant pour gage des objets dépendant, par leur nature, d'une
« exploitation agricole. »

Nous ne demandons rien de plus.

Conseil général d'agriculture. — *Rapport lu le 8 mai 1850.*

« Le Crédit foncier doit répondre par un mécanisme spécial à la
« nature particulière de l'intérêt qu'il est destiné à protéger. Il
« peut venir, il viendra nécessairement en aide à l'amélioration
« de la culture, mais il n'est pas destiné à former à lui seul le
« capital de roulement de l'exploitation rurale.

« Le *Crédit agricole*, plus particulièrement affecté à cette opé-
« ration industrielle de la plus haute importance, remplira cet
« office, dans d'autres conditions. »

*Rapport de M. O'Quin, député, sur le projet de loi tendant à confier
à la Société du Crédit foncier l'établissement du Crédit agricole.*

« Le Crédit agricole pourra leur venir en aide (aux cultivateurs),
« en comblant, au grand avantage de l'agriculture, la lacune lais-
« sée par l'institution à laquelle il viendra se juxtaposer.

« Ce dernier genre d'opération a paru à votre commission con-
« stituer, quant à présent, l'utilité principale de la société pro-
« jetée. N'eût été cette perspective ouverte au Crédit agricole, et
« la possibilité qu'il rende des services dans cet ordre de faits, la
« *majorité de la commission aurait hésité à accepter, même sous*
« *la réserve de modifications profondes, un projet qu'elle avait ac-*
« *cueilli avec un médiocre enthousiasme, avant que l'étude des sta-*
« *tuts le lui eût démontré sous un jour un peu nouveau pour elle.*
« En effet, les opérations d'escompte que nous avons décrites, pour-
« ront être un début assez rare ; car les intermédiaires y regarde-
« ront à deux fois avant de se porter garants, vis-à-vis du Crédit
« agricole, de la solvabilité et de l'exactitude de débiteurs souvent
« incapables, malgré toute leur bonne volonté, d'une régularité
« quelconque dans leurs payements. Il en serait autrement, peut-
« être, si par une *modification des principes du Code Napoléon,*
« *relative au nantissement,* l'agriculteur pouvait engager ses bes-
« tiaux, ses récoltes, ses instruments, *sans se dessaisir des objets*
« *ainsi donnés en gage.*

« Mais cette disposition, *bien que soumise en même temps que*
« *la convention qui nous occupe,* à l'*examen du Conseil d'État,*
« n'a pu être considérée, à raison de l'importante innovation
« qu'elle introduirait dans notre législation civile, comme l'appen-
« dice d'un projet de loi spécial. »

« Les articles 2075 et suivants ne sont pas, à coup sûr, le der-
« nier mot de la législation civile sur le gage ; dans l'ordre civil
« aussi, on entrevoit la *nécessité prochaine* que pourrait apporter
« à de grands intérêts la pratique de cette convention ; et là,
« comme dans l'ordre commercial, les formalités en gênent et en
« empêchent l'usage. Qui ne voit, par exemple, tout *le profit que*
« *pourrait tirer l'agriculture pour l'établissement et l'extension*
« *du crédit qui lui manque, des facilités que le projet réserve au*
« *gage commercial?*

« Il y a des perspectives d'utilité et de richesse bien faites pour
« tenter le législateur de notre temps, et votre commission est
« heureuse de pouvoir constater, dans son rapport, que *ses vœux*

« *et ses espérances pour une réforme prochaine dans ce sens*
« *ont été partagés par MM. les commissaires du gouverne-*
« *ment.* »

Le dernier document qui nous est parvenu est, sans contredit,
le plus curieux de tous.

Le 6 janvier 1866, le gouvernement de la compagnie du Crédit
agricole est venu déclarer officiellement, devant le conseil supérieur du commerce et de l'agriculture que le Crédit agricole n'existait pas *et était à fonder*.

Nous prenons acte de cette disposition si précise et si peu
prévue.

Voici l'article de *la Presse* qui l'a reproduit :

« LE CRÉDIT AGRICOLE. — Dans sa séance du 6 janvier, le conseil
supérieur du commerce a entendu d'abord M. Frémy, gouverneur
du Crédit foncier, et MM. de Soubeyran et Leviez, sous-gouver-
neurs. Leur déposition a été remarquable à plusieurs points de
vue, et, au lieu de rouler sur des généralités, elle a porté sur des
faits précis et saisissants. Ils ont été conduits naturellement à
parler du Crédit agricole dans ses rapports avec l'agriculture proprement dite, l'industrie du bâtiment et leurs relations d'escompte
avec la Banque de France ; enfin de la juridiction consciencieuse à
appliquer aux billets et papiers fiduciaires émis par des agriculteurs. Il y a là deux choses qui nous frappent, le côté financier
et le côté juridique, et tous les deux sont dignes d'une attention
sérieuse.

« *Le Crédit agricole est à fonder*, mais il ne se fondera, comme
le crédit commercial, que si la législation met à sa disposition les
formes rapides de procédure spéciales aux billets et aux lettres de
change. Le prêt doit aller vite, mais le recouvrement doit marcher
du même pas, sinon les litiges contentieux s'accumulent dans les
portefeuilles des banques et les découragent. « Il faut, comme

« l'ont très-bien dit MM. les gouverneurs, que celui qui veut le
« bénéfice de la position de commerçant en accepte les charges. »
Il y a là une idée féconde et heureuse qui mérite d'être développée
et de faire son chemin ; c'est tout un horizon embrassé d'ensemble. Nous prêterons, dans la mesure de nos forces, notre concours à la réalisation de cette réforme judiciaire. »

22 janvier 1866, à 5 heures.

Le tirage étant commencé nous le faisons suspendre pour placer
ici ce paragraphe du discours d'ouverture de l'Empereur :

« Employons-nous à répandre partout, avec les lumières, les
« saines doctrines économiques, l'amour du bien et les principes
« religieux ; cherchons à résoudre, par la liberté des transactions,
« le difficile problème de la juste répartition des forces produc-
« tives, et tâchons d'améliorer les conditions du travail *dans les*
« *champs comme dans les ateliers.* »

Ainsi, les paroles de l'Empereur reproduisent en toute circonstance la grande pensée qui a été la préoccupation constante de
tout son règne, l'égalisation de tous ses sujets devant la loi. Il
veut que le travail des champs soit placé dans les mêmes conditions que celui des ateliers. Comment ces conditions pourraient-
elles être identifiées, si l'on jetait tout l'argent d'un côté et point
d'argent de l'autre ?

CHAPITRE XIV

1ᵉ *Crédit foncier*.

Le décret du 10 octobre 1852 fixe le capital à 60,000,000 fr.,
dont 50,000,000 fr. sont émis immédiatement : Chaque action
de 500 fr. verse 250 fr., ci . . . . 250 fr.

Mais l'Empereur fournissant 10,000,000 fr. à répartir sur
50,000,000 fr., il faut réduire les 250 fr. que versent les actionnaires du tiers de 500 fr., soit 166 fr.; de 250 fr. ôtez
166 fr., reste 84 fr. Versement réel 84 fr., ci . . . 84 fr.

Le 5 mars 1862, émission des derniers 50,000,000 fr.

Les premières actions émises sont à 1,400 fr., ci. 1,400 fr.
libérées de 250 fr. seulement, elles redoivent donc 250 fr. Valeur
réelle, au 5 mars 1862, 1,150 fr., ci . . . . 1,150 fr.

Le capital est multiplié par plus de 13 50.

Une nouvelle action est donnée au pair à l'actionnaire; elle
vaut 1,400 fr., et elle lui coûte 250 fr.; il la vend aujourd'hui
1,515 fr. ainsi que la première, soit 2,630 fr., ci. 2,630 fr.

Retranchons : 1° 500 fr. non libérés ; 2° 500 fr. libérés. Il
gagne 1,630 fr.

84 fr. en représentent 1,630 fr.

Le capital est multiplié par un peu plus de 20. L'actionnaire
se trouve avoir un peu plus de vingt capitaux pour un.

2° *Crédit agricole.*

Capital 20,000,000 fr., 40,000 actions de 500 fr.

En janvier 1861, 1ʳᵉ émission, 10,000,000 fr. représentés par 20,000 actions de 500 fr.; 100 fr. sont versés par action.

Août 1862, 2ᵉ émission, 10,000,000 fr. représentés par 20,000 actions de 500 fr.; 100 fr. sont versés par action.

L'action, avant la seconde émission, vaut 750 fr.; bénéfice 250 pour 100.

Un actionnaire a pris, en janvier 1861, quatre actions, et versé 400 fr.

En avril 1862, les actions valent 750 fr. chacune, soit pour quatre actions. .   .   .   .   3,000 fr.

   A déduire par action, 400 fr. non libérés, soit
      pour les quatre. .   .   .   .   1,600 fr.

                 Valeur nette.   .   .   .   1,400 fr.

Il en vend deux qui lui donnent 700 fr. nets.

Il libère ses actions nouvelles de 100 fr. chacune, soit de 400 fr. pour les quatre, ci. .   .   .   .   400 fr.

Il amortit de 500 fr. la dépense première, qui se réduit à 100 fr.

Il vend, en janvier 1866, six actions, qui valent chacune 630 f., soit 3,780, ci. .   .   .   .   3,780 fr.

Il faut défalquer : 1° 100 fr. par action appelés en dernier lieu, soit pour six actions. .   .   .   .   600 fr.

   2° 300 fr. par action non libérée, soit pour six actions. .   .   .   .   1,800 fr.

              Total.   .   .   .   .   .   2,400 fr.

Reste net 1,380 fr.

C'est la représentation de 100 fr. de première mise et de l'in-

térêt, pendant 15 mois, de 500 fr. amortis, soit 20 fr. Total :
120 fr.

Le capital est plus que décuplé !

J'omets, pour abréger, le calcul des profits de la dernière émission, celle de 1865 (20,000,000 fr.) qui a peut-être doublé le
bénéfice.

Ainsi, le Crédit foncier gagne plus de vingt capitaux pour un ;
le Crédit agricole, dont la première mise (2,000,000) était entièrement couverte par la garantie de l'État, fait peut-être aussi bien :
et il n'a encore que 5 ans d'existence.

Pour obtenir de pareils résultats, on peut bien perdre un peu
de vue les intérêts de l'agriculture.

CHAPITRE XV

Revenons sur la phrase du ministre de l'agriculture, déjà citée à la page 6. *S'il y a trop de blé, faites autre chose.* En engageant l'agriculture à diversifier les produits suivant les demandes et les besoins des consommateurs, le ministre n'a pu entendre que l'agriculteur devait abandonner le froment pour des récoltes inférieures et revenir au seigle, à l'avoine et au sarrazin. Il a entendu certainement qu'on devait le remplacer par des récoltes supérieures, telles que les prés arrosés, la navette, le colza, le houblon, la vigne, le chanvre, le lin, les prairies artificielles, trèfles, luzernes, sainfoins, et les cultures à moitié jardinières qui donnent les produits animaux, telles que les betteraves, carottes, choux, turneps, etc. C'est surtout de nourriture animale que la population a besoin, comme l'indique assez le prix décroissant du blé et le prix croissant de la viande. Les prix sont toujours la mesure exacte des besoins des populations.

Il s'agit donc pour l'agriculteur non-seulement de faire autrement, mais surtout de faire mieux, non-seulement de faire autre chose, mais de faire une autre chose qui soit meilleure. Eh bien, on ne peut pas faire mieux, sans dépenser davantage : quelque splendide que doive être le résultat final d'une opération agricole, elle commence toujours, comme toutes les autres, par des avances et des sacrifices. Il faut doubler ou tripler la fumure, il faut quelquefois drainer, plus souvent défoncer. Si l'on veut irriguer, il faut construire des prises d'eau et des canaux, acheter des enclaves. La préparation d'un hectare pour le houblon ou la vigne coûte de 18,000 à 2,500 fr. L'augmentation du bétail, et dans une forte proportion, est une condition *sine qua non* du progrès agricole. Ce bétail coûte cher à acquérir. De quelque côté qu'on envisage la chose, elle se résout en une question d'argent.

Le prix de revient du blé est en proportion inverse des avances faites au terrain (voir page 11). Ces avances doivent monter de 400 à 1,000 fr. par hectare ; en France, elles s'élèvent en moyenne à 150 fr. au plus. Il manque donc au moins 250 fr. par hectare, soit, pour 50,000,000 d'hectares cultivés, 7,500,000,000 fr. Ce chiffre comprend les améliorations mobilières et immobilières. Plaçons en regard les ressources mobilières et immobilières de l'agriculture. Les premières ont été déjà énumérées : elles s'élèvent à 12,000,000,000 fr. La valeur moyenne de l'hectare français peut être d'environ 1,000 fr. Il faut donc compter, en nombre rond, sur une valeur totale de 65,000,000,000 fr.

La question se réduit donc à ceci : Peut-on trouver 7 ou 8,000,000,000 fr. sur une valeur de 65,000,000,000 fr. ?

Cette question n'en est pas une : mais en voici une autre qui se présente naturellement et qu'on est en droit de m'adresser : Si la chose est si facile, comment n'est-elle pas encore faite et pourquoi ne se fait-elle pas d'elle-même ? Je réponds : Parce que le crédit a été systématiquement interdit à l'agriculture. Sous prétexte qu'il devait la ruiner, on lui en a tari les sources. Qu'on lui rende sa liberté, elle ne demandera ni subventions, ni sacrifices : *Italia farà da sè.*

Je sais bien que les industries non agricoles vont venir dire : Vous nous enlevez nos ressources ; vous allez puiser vos capitaux à la même source où nous puisons les nôtres et la diminuer d'autant. Je répondrai : quand cela serait, nous avons un droit égal au vôtre : nous pourrions demander notre part des 2 milliards qui se placent par an en France, au dire de M. Pereire, (Voir sa déposition devant la Commission d'enquête), mais nous n'en avons pas besoin. Il sort de France tous les ans 6 ou 800,000,000 fr.

qui vont se placer à l'étranger pour construire des chemins de fer, percer des isthmes et équilibrer les budgets européens ou autres. Je ne m'en plains pas ; mais quand le marché financier français est ouvert à toutes les entreprises du globe, comment demeure-t-il fermé pour la seule agriculture française ? Quel mal y aurait-il à ce qu'une partie de ces millions envoyés à l'étranger se déversât sur elle ?

Il y a aussi en France à peu près 5 milliards de numéraire que le crédit rendrait, aux trois quarts, inutiles et disponibles, puisque le billet, les chèques et les virements remplaceraient en grande partie la monnaie. On trouverait là à peu près 5 milliards, dont l'agriculture pourrait bénéficier sans écourter la **part** de personne. L'agriculture se ferait, en peu d'années, son lot, sans qu'on s'en aperçût.

Et il est certain que non-seulement personne n'en éprouverait de préjudice, mais encore que tous y trouveraient un grand profit. Les débouchés de toute sorte seraient élargis par l'aisance des campagnards. Le marché intérieur est encore le meilleur et le plus sûr de tous : il augmenterait ses demandes en proportion de l'augmentation de la richesse publique. La consommation du fer, du sucre, des étoffes et des autres denrées arriverait, en France, au point où elle est en Angleterre qui, pour le moment, nous a distancés.

L'exportation du froment pourrait remplacer l'importation et s'établir sur une grande échelle, comme elle avait lieu dans les siècles qui nous ont précédés, et comme elle a lieu, en partie, dans la présente année 1865-1866. Notre marine y trouverait les éléments d'un fret précieux et régulier. Les opérations de banque décupleraient, au grand bénéfice des banquiers qui, cependant, voient avec déplaisir toute modification au mode actuel de traiter les affaires d'argent. Ils y gagneraient en somme ; mais il leur faudrait abandonner leurs vieux errements et adopter de nouvelles méthodes. C'est à cela que l'homme a le plus de peine à se résigner.

On veut prétendre que le Crédit est nuisible à l'agriculture et que *tout agriculteur qui emprunte se ruine*. On a fait là une étrange confusion de mots : il fallait dire : *Tout agriculteur qui se ruine emprunte;* on aurait été dans le vrai.

Mais à côté de ceux qui empruntent pour se ruiner, il y a ceux qui empruntent pour faire prospérer leur industrie. Ceux-ci composent les 99 centièmes des agriculteurs : c'est eux qu'il s'agit de servir. Éteindre le crédit, dans l'espoir d'éteindre les dettes, c'est une illusion inexcusable et à peine compréhensible. Aujourd'hui que le Crédit agricole est entièrement absent, cela empêche-t-il la dette de se créer ? point du tout ; seulement, au lieu de se créer dans des conditions profitables, elles se créent dans des conditions désastreuses. Nous avons 8 ou 10 milliards de dettes hypothécaires et au moins autant de dettes chirographaires. Puisque cette dette chirographaire existe, ne devons-nous pas, au moins, chercher à la rendre moins onéreuse ? On craint de ruiner l'agriculture par le Crédit, parce que, dit-on, la terre rendant 3 ou 4 pour 100 si on emprunte à 5, on est en déficit d'un ou deux ! Et après avoir fait ce raisonnement, qu'a-t-on fait ? On a constitué de fait et dès l'origine, le Crédit foncier par l'hypothèque : le Crédit agricole a été repoussé. Ainsi on a facilité l'acquisition, à crédit, de la terre, qui doit rendre 3 ou 4 et on a écarté l'acquisition, à crédit, du capital roulant qui doit rendre 10 ou 12. Si l'on avait voulu rendre le Crédit ruineux pour le cultivateur, on ne pouvait s'y prendre d'une manière plus intelligente. — C'est le contraire qu'il aurait fallu faire. Le Crédit agricole était plus utile que le Crédit foncier et si l'on voulait en supprimer un, c'est ce dernier qu'on aurait dû supprimer.

Cependant il vaut beaucoup mieux les établir et les conserver tous les deux. Laissez à chacun la plus grande liberté possible ; favorisez, suivant la belle parole de l'Empereur, *la libre expansion de l'initiative individuelle*. Quelques imprudents, quelques insensés en feront un mauvais usage ; mais comme, aujourd'hui même, cent manières de se ruiner sont laissées à leur disposition, il importe bien peu qu'ils en aient ou non une cent unième. Si quelques-uns se ruinent et sont amenés à vendre leurs terres, on pourra se consoler en pensant que quelques instruments de la production nationale sont sortis de mains inhabiles, pour passer dans d'autres plus puissantes et plus judicieuses : mais nos devanciers ont pourvu à ce que cela n'arrivât pas trop souvent. Il y a une loi qui est faite pour tous et qu'on ne doit point songer à remplacer par des dispositions arbitraires, quand même ces dispositions devraient être bienveillantes et paternelles. Cette loi définit la propriété : *le droit d'user et d'abuser;* elle a pensé, avec raison, que l'abus que ferait le propriétaire de sa propre chose n'approcherait jamais de l'abus que ferait une autorité étrangère du droit de défendre et d'entraver. La loi reconnaît un seul cas où les droits du propriétaire doivent être restreints ; c'est celui d'incapacité légale. Les mineurs, les aliénés et les prodigues sont pourvus d'un conseil de famille et privés du droit de détruire ce qu'ils sont hors d'état d'administrer; mais ils ne peuvent l'être hors des formes prescrites par la loi. Elle ne reconnaît pas de milieu entre l'état d'interdiction et la jouissance de tous les droits que la propriété confie. Que l'on ne crée pas, au préjudice du seul agriculteur, une sorte de demi-interdiction qui lui laisse toute latitude pour faire le mal et qui l'enchaîne seulement, quand il veut faire le bien !

Nous demandons quelques libertés qui ne coûteront rien à personne et qui auront deux immenses résultats :

1° D'abord elle arrêtera la dépopulation des campagnes : aujourd'hui les capitaux les quittent, incessamment soutirés par l'impôt, l'industrie, les emprunts de toute sorte. La population s'en va à la suite des capitaux : aussitôt qu'un cultivateur a fait une petite fortune, ses fils veulent être avocats et ses filles se marier à la ville. Il ne reste à la campagne que ceux qui n'ont pas assez de fortune et d'intelligence pour la quitter. La désertion des campagnes s'arrêterait, si l'on y trouvait plus de ressources et d'ailleurs, ses effets deviendraient moins désastreux ; on peut remplacer les bras par des capitaux. En Angleterre (je ne dis pas aux îles Britanniques) le quart seulement de la population est agricole. Un cultivateur se nourrit et nourrit trois hommes en outre : En France, plus de 25 millions d'agriculteurs nourrissent à peine 12 millions d'hommes. C'est à dire que le cultivateur français nourrit deux cinquièmes d'hommes et le cultivateur anglais en nourrit 15. Il y a entre le travail utile de ces deux cultivateurs une différence de 1 à 7,50. Pourquoi? Parce que les capitaux abondent entre les mains de l'Anglais et font défaut entre celles du Français.

2° Elle permettra d'atteindre cette *vie à bon marché* qui est l'une des préoccupations les plus sérieuses du gouvernement. Si l'on veut que le prix de vente des denrées agricoles soit peu élevé, il faut que leur prix de revient le soit encore moins : on ne peut espérer que le cultivateur cultive longtemps à perte et qu'il continue à produire ce qui ne lui rendra pas un prix rémunérateur. Si vous voulez qu'il livre à bas prix le blé et la viande sur le marché, faites qu'il les produise à bas prix lui-même et pour cela laissez-lui toute liberté de se procurer les capitaux, sans lesquels il ne peut rien.

L'argent est le nerf de la guerre ; il est aussi le nerf de l'industrie. L'agriculture est une industrie et la première des industries françaises.

MODIFICATIONS LÉGISLATIVES

PROPOSÉES

POUR RENDRE POSSIBLE L'ÉTABLISSEMENT

DU CRÉDIT AGRICOLE

SANS DÉSIMMOBILISER, D'UNE MANIÈRE GÉNÉRALE, LES MEUBLES PAR NATURE,
DÉCLARÉS IMMEUBLES PAR DESTINATION.

ARTICLES DU CODE CIVIL

DES IMMEUBLES

Art. 520. — Les récoltes pendantes par les racines, et les fruits des arbres non encore recueillis, sont pareillement immeubles.

Dès que les grains sont coupés et les fruits détachés, quoique non enlevés, ils sont meubles.

Si une partie seulement de la récolte est coupée, cette partie seule est meuble.

Art. 521. — Les coupes ordinaires des bois taillis ou de futaies mises en coupes réglées, ne deviennent meubles qu'au fur et à mesure que les arbres sont abattus.

Art. 522. — Les animaux que le propriétaire du fonds livre au fermier ou au métayer pour la culture, estimés ou non, sont censés immeubles, tant qu'ils demeurent attachés au fonds par l'effet de la convention.

Ceux qu'il donne à cheptel à d'autres qu'au fermier ou métayer, sont meubles.

Art. 523. — Les tuyaux servant à la conduite des eaux dans une maison ou autre héritage, sont immeubles et font partie du fonds auquel ils sont attachés.

Art. 524. — Les objets que le propriétaire d'un fonds y a placés pour le service et l'exploitation de ce fonds, sont immeubles par destination.

Ainsi, sont immeubles par destination, quand ils ont été placés par le propriétaire, pour le service et l'exploitation du fonds :

Les animaux attachés à la culture ;

Les ustensiles aratoires ;

Les semences données aux fermiers ou colons partiaires ;

Les pigeons des colombiers ;

Les lapins des garennes ;

Les ruches à miel ;

MODIFICATIONS PROPOSÉES

DES IMMEUBLES

Art. 520. — Conservé.

Art. 521. — Les coupes de bois, réglées ou non réglées, abattues ou sur pied, quels qu'en soient la nature, l'âge ou l'aménagement, sont meubles.

Art. 522. — Conservé.

Art. 523. — Conservé.

Art. 524. — Conservé en entier, en ajoutant à la fin ·

ARTICLES DU CODE CIVIL

Les poissons des étangs;

Les pressoirs, chaudières, alambics, cuves et tonnes;

Les ustensiles nécessaires à l'exploitation des forges, papeteries et autres usines;

Les pailles et engrais.

Sont aussi immeubles par destination, tous effets mobiliers que le propriétaire a attachés au fonds à perpétuelle demeure.

MODIFICATIONS PROPOSÉES

Néanmoins les objets indiqués dans les art. 520, 521 et 524 étant meubles par nature, perdent leur qualité d'immeubles par destination, lorsqu'ils ont été engagés par leur propriétaire, en nantissement d'un capital prêté, ou achetés des deniers d'un prêteur qui se les est fait donner en garantie.

ARTICLES DU CODE CIVIL

DU CHEPTEL

SECTION I

DISPOSITIONS GÉNÉRALES

Art. 1800. — Le bail à cheptel est un contrat par lequel l'une des parties donne à l'autre un fonds de bétail pour le garder, le nourrir et le soigner, sous les conditions convenues entre elles.

Art. 1801. — Il y a plusieurs sortes de cheptels :
Le cheptel simple ou ordinaire ;
Le cheptel à moitié ;
Le cheptel donné au fermier ou au colon partiaire.
Il y a encore une quatrième espèce de contrat improprement appelé *cheptel*.

Art. 1802. — On peut donner à cheptel toute espèce d'animaux susceptibles de croît ou de profit pour l'agriculture ou le commerce.

Art. 1803. — A défaut de conventions particulières, ces contrats se règlent par les principes qui suivent.

SECTION II

DU CHEPTEL SIMPLE

Art. 1804. — Le bail à cheptel simple est un contrat par lequel on donne à un autre des bestiaux à garder, nourrir et soigner, à condition

MODIFICATIONS PROPOSÉES

DU CHEPTEL

SECTION I

DISPOSITIONS GÉNÉRALES

Art. 1800. — Le bail à cheptel est un contrat par lequel l'une des parties donne à l'autre un fonds de bétail pour le garder, le nourrir et le soigner, sous les conditions convenues entre elles.

Les détournements ou ventes par le cheptelier de tout ou partie d'un cheptel, le détournement ou la dissimulation par le cheptelier, de tout ou partie du prix de vente d'un cheptel, ou de ses produits, seront punis des peines prévues par l'art. 401 du Code pénal.

Art. 1801. — Conservé.

Art. 1802. — Conservé.

Art. 1803. — Conservé.

SECTION II

DU CHEPTEL SIMPLE

Art. 1804. — Conservé.

ARTICLES DU CODE CIVIL

que le preneur profitera de la moitié du croît, et qu'il supportera aussi la moitié de la perte.

Art. 1805. — L'estimation donnée au cheptel dans le bail n'en transporte pas la propriété au preneur; elle n'a d'autre objet que de fixer la perte ou le profit qui pourra se trouver à l'expiration du bail.

Art. 1806. — Le preneur doit les soins d'un bon père de famille à la conservation du cheptel.

Art. 1807. — Il n'est tenu du cas fortuit que lorsqu'il a été précédé de quelque faute de sa part, sans laquelle la perte ne serait pas arrivée.

Art. 1808. — En cas de contestation, le preneur est tenu de prouver le cas fortuit, et le bailleur est tenu de prouver la faute qu'il impute au preneur.

Art. 1809. — Le preneur qui est déchargé par le cas fortuit, est toujours tenu de rendre compte des peaux des bêtes.

Art. 1810. — Si le cheptel périt en entier sans la faute du preneur, la perte en est pour le bailleur.

S'il n'en périt qu'une partie, la perte est supportée en commun, d'après le prix de l'estimation originaire, et celui de l'estimation à l'expiration du cheptel.

Art. 1811. — On ne peut stipuler :

Que le preneur supportera la perte totale du cheptel, quoique arrivée par cas fortuit et sans sa faute;

Ou qu'il supportera, dans la perte, une part plus grande que dans le profit;

Ou que le bailleur prélèvera, à la fin du bail, quelque chose de plus que le cheptel qu'il a fourni;

MODIFICATIONS PROPOSÉES

———

Art. 1805. — Conservé.

Art. 1806. — Conservé.

Art. 1807. — Conservé.

Art. 1808. — Conservé.

Art. 1809. — Conservé.

Art. 1810. — Conservé.

Art. 1811. — Le preneur profite seul des laitages, du fumier et du travail des animaux donnés à cheptel.

La laine et le croît se partagent.

ARTICLES DU CODE CIVIL

Toute convention semblable est nulle ;

Le preneur profite seul des laitages, du fumier et du travail des animaux donnés à cheptel ;

La laine et le croît se partagent.

Art. 1812. — Le preneur ne peut disposer d'aucune bête du troupeau, soit du fonds, soit du croît, sans le consentement du bailleur, qui ne peut lui-même en disposer sans le consentement du preneur.

Art. 1813. — Lorsque le cheptel est donné au fermier d'autrui, il doit être notifié au propriétaire de qui ce fermier tient; sans quoi il peut le saisir et le faire vendre pour ce que son fermier lui doit.

Art. 1814. — Le preneur ne pourra tondre sans en prévenir le bailleur.

Art. 1815. — S'il n'y a pas de temps fixé par la convention pour la durée du cheptel, il est censé fait pour trois ans.

Art. 1816. — Le bailleur peut en demander plus tôt la résolution, si le preneur ne remplit pas ses obligations.

Art. 1817. A la fin du bail, ou lors de sa résolution, il se fait une nouvelle estimation du cheptel.

Le bailleur peut prélever des bêtes de chaque espèce, jusqu'à concurrence de la première estimation : l'excédant se partage.

S'il n'existe pas assez de bêtes pour remplir la première estimation, le bailleur prend ce qui reste, et les parties se font raison de la perte.

SECTION III

DU CHEPTEL A MOITIÉ

Art. 1818. — Le cheptel à moitié est une société dans laquelle chacun des contractants fournit la moitié des bestiaux, qui demeurent communs pour le profit ou pour la perte.

MODIFICATIONS PROPOSÉES

Art. 1012. — Conservé.

Art. 1013. — Conservé.

Art. 1014. — Conservé.

Art. 1015. — Conservé.

Art. 1016. — Conservé.

Art. 1017. — Conservé.

SECTION III
DU CHEPTEL A MOITIÉ

Art. 1018. — Conservé.

ARTICLES DU CODE CIVIL

Art. 1819. —Le preneur profite seul, comme dans le cheptel simple, des laitages, du fumier et des travaux des bêtes.

Le bailleur n'a droit qu'à la moitié des laines et du croît.

Toute convention contraire est nulle, à moins que le bailleur ne soit propriétaire de la métairie dont le preneur est fermier ou colon partiaire.

Art. 1820. — Toutes les autres règles du cheptel simple s'appliquent au cheptel à la moitié.

SECTION IV

§ 1. — *Du cheptel donné au fermier.*

Art. 1821. — Ce cheptel (aussi appelé *cheptel de fer*) est celui par lequel le propriétaire d'une métairie la donne à ferme, à la charge qu'à l'expiration du bail, le fermier laissera des bestiaux d'une valeur égale au prix de l'estimation de ceux qu'il aura reçus.

Art. 1822. — L'estimation du cheptel donné au fermier ne lui en transfère pas la propriété, mais néanmoins le met à ses risques.

Art. 1823. — Tous les profits appartiennent au fermier pendant la durée de son bail, s'il n'y a convention contraire.

Art. 1824. — Dans les cheptels donnés au fermier, le fumier n'est point dans les profits personnels des preneurs, mais appartient à la métairie, à l'exploitation de laquelle il doit être uniquement employé.

Art. 1825. — La perte, même totale et par cas fortuit, est en entier pour le fermier, s'il n'y a convention contraire.

Art. 1826. — A la fin du bail, le fermier ne peut retenir le cheptel en en payant l'estimation originaire, il doit en laisser un de valeur pareille à celui qu'il a reçu.

MODIFICATIONS PROPOSÉES

Art. 1819. — Le preneur profite seul, comme dans le cheptel simple, des lainages, du fumier et des travaux des bêtes.

Le bailleur n'a droit qu'à la moitié des laines et du croît.

Art. 1020. — Conservé.

SECTION IV

§ 1. — *Du cheptel donné au fermier.*

Art. 1821. — Conservé.

Art. 1022. — Conservé.

Art. 1023. — Conservé.

Art. 1024. — Conservé.

Art. 1025. — Conservé.

Art. 1026. — Conservé.

ARTICLES DU CODE CIVIL

S'il y a du déficit, il doit le payer ; et c'est seulement l'excédant qui lui appartient.

§ 2. — *Du cheptel donné au colon partiaire.*

Art. 1827. — Si le cheptel périt en entier, sans la faute du colon, la perte est pour le bailleur.

Art. 1828. — On peut stipuler que le colon délaissera au bailleur sa part de la toison à un prix inférieur à la valeur ordinaire ;
Que le bailleur aura une plus grande part du profit ;
Qu'il aura la moitié des laitages.
Mais on ne peut pas stipuler que le colon sera tenu de toute la perte.

Art. 1829. — Ce cheptel finit avec le bail à métairie.

Art. 1830. — Il est d'ailleurs soumis à toutes les règles du cheptel simple.

SECTION V
DU CONTRAT IMPROPREMENT APPELÉ CHEPTEL

Art. 1831. — Lorsqu'une ou plusieurs vaches sont données pour les les loger et les nourrir, le bailleur en conserve la propriété : il a seulement le profit des veaux qui en naissent.

MODIFICATIONS PROPOSÉES

§ 2. — *Du cheptel donné au colon partiaire.*

Art. 1027. — Conservé.

Art. 1828. — On peut stipuler que le colon délaissera au bailleur sa part de la toison à un prix inférieur à celui de la valeur ordinaire ;
Que le bailleur aura une plus grande part du profit ;
Qu'il aura la moitié des laitages.

Art. 1029. — Conservé.

Art. 1030. — Conservé.

SECTION V
DU CONTRAT IMPROPREMENT APPELÉ CHEPTEL

Art. 1031. — Conservé.

ARTICLES DU CODE CIVIL

DU NANTISSEMENT

Art. 2073. — Le gage confère au créancier le droit de se faire payer sur la chose qui en est l'objet, par privilége et préférence aux autres créanciers.

Art. 2074. — Ce privilége n'a lieu qu'autant qu'il y a un acte public ou sous seing privé, dûment enregistré, contenant la déclaration de la somme due, ainsi que l'espèce et la nature des choses remises en gage, ou un état annexé de leurs qualité, poids et mesure.

La rédaction de l'acte par écrit et son enregistrement ne sont néanmoins prescrits qu'en matière excédant la valeur de cent cinquante francs.

Art. 2075. — Le privilége énoncé en l'article précédent ne s'établit sur les meubles incorporels, tels que les créances mobilières, que par acte public ou sous seing privé, aussi enregistré, et signifié au débiteur de la créance donnée en gage.

Art. 2076. — Dans tous les cas, le privilége ne subsiste sur le gage, qu'autant que ce gage a été mis et est resté en la possession du créancier, ou d'un tiers convenu entre les parties.

MODIFICATIONS PROPOSÉES

DU NANTISSEMENT

Art. 2073. — Conservé.

Art. 2074. — Conservé.

Art. 2075. — Conservé.

Art. 2076. — Le privilège ne subsiste sur le gage qu'autant que ce gage a été mis et est resté en la possession du créancier, ou d'un tiers convenu entre les parties.

Néanmoins, pour les récoltes pendantes par racines, les coupes de bois non abattues, les objets encombrants qui ne peuvent être transportés et emmagasinés, tels que les meules de foin, gerbiers et autres récoltes rentrées, les animaux qui ne peuvent vivre hors de la ferme, les ustensiles qui n'en peuvent être distraits sans laisser l'exploitation en souffrance, la tradition du gage pourra s'opérer sans déplacement, et par la seule livraison de la reconnaissance établissant le nantissement. Le prêteur sera dès lors saisi et l'emprunteur en sera responsable vis-à-vis de lui.

Le nantissement ne sera valable vis-à-vis des tiers que moyennant l'accomplissement des formalités prescrites par l'art. 2074.

Le détournement, par l'emprunteur, de l'objet engagé sera puni des peines portées par l'art. 401 du Code pénal.

TABLE DES MATIÈRES

PARIS. — IMP. SIMON RAÇON ET COMP., RUE D'ERFURTH, 1.

ERRATA

—

Page 29, ligne 12, *au lieu de :* concerneraient, *lisez :* concernaient.

Même page, ligne 16, *au lieu de :* de sorte que 250 fr. en représentent 2650. Le capital est presque décuplé, *lisez :* (Voir p. 63.)

Page 31, ligne 6, *après :* recommencer, *ajoutez :* (Voir p. 61.)

Page 46, ligne 3, *au lieu de :* celle, *lisez :* celles.

Page 49, ligne 18, *ajoutez :* (Lettre de M. Rouher à M. d'Esterno.)

Page 50, ligne 22, *au lieu de :* à les indiquer, *lisez :* à une demie indication.

Page 57, ligne 24, *au lieu de :* 386 et 408, *lisez :* 401.

Page 63, ligne 12, *au lieu de :* 13 50, *lisez :* 13.50.

Page 64, ligne 25, *au lieu de :* libérée, *lisez :* libérés.

Page 67, ligne 3, *au lieu de :* 18.000, *lisez :* 1.800.